圖解 新手媽媽成功餵母乳

把握產後60天追奶期，無痛疏通塞奶、石頭奶！

一次搞懂親餵、瓶餵的所有秘訣

國際認證泌乳顧問(IBCLC) **鍾惠菊**／著

Contents 目錄

CHAPTER 2 寶寶也有情緒，只是他不會說

CHAPTER 3

讓哺乳變簡單

CHAPTER 4

我的乳房怎麼了？

CHAPTER 5
超級奶陣方程式，不藏私秘訣大公開

CHAPTER 6

又一句「為母則強」，你不必當超人！

CHAPTER 7

常見哺乳問題

1

身為一位小兒科醫師，深知母乳哺育是政府極力推廣的一項政策，也是目前的趨勢。母乳真的很好，是給寶寶很棒的禮物。但是，臨床上也看到許多媽媽們，因為堅持一定要母乳，儘管寶寶的體重或是其他因素，需要額外補充配方奶，卻將配方奶視之為毒物般，或是深陷罪惡之中。不過，也碰過有些媽媽從我們醫生口中聽到也可以適時補充配方奶，心中感到相當欣慰，因為媽媽們承受太多餵母乳的壓力了。

看到這本書時真的很開心！一般人以為哺乳似乎是最自然不過的事，但卻不是每個人都可以這麼順利。本書除了分析媽媽們會經歷的乳房各種問題的原因，並提供了解決方法，還有很多的圖解幫助讀者理解及容易學習。裡面也提到很多媽媽被道德束縛，旁人的關心變成心中的那把劍，在在提醒許多媽媽們要傾聽自己，開心做自己，哺乳才更能長久。

惠菊是一位護理師，在產後護理中心任職多年，也是國際認證泌乳顧問。她身為母親，也體會過第一胎的哺乳疼痛，所以非常能理解媽媽們的心，也站在媽媽的立場。我曾聽聞她常常下班後還在幫媽媽們解決哺乳問題，跟她接觸的人都能感受到她的溫暖，以及想幫助更多人的好心腸。因此，她寫了這本《圖解新手媽媽成功餵母乳》。

真的很推薦先生也買一本，你會發現原來太太的苦跟你想像不一樣，還能依照書中的無痛按摩技巧，幫太太舒緩乳房不適，相信太太一定超級無敵感動，哺乳之路更能長久了。

家人及周遭朋友，更應該先看這本書，有清楚又容易理解的理論，又有許多實務面的技巧與心靈層面的支持方法，讓你變成媽媽們前進的助力，而不是阻力。

臺北醫學大學附設醫院兒科部主任
台北醫學大學醫學系小兒學科助理教授
禾馨醫療系統醫療顧問
張璽 博士

2

「吃」雖是與生俱來的本能，哺乳也看似簡單；然而在歷經生產過程的疲累後，還要母嬰同室，依嬰兒需求哺餵母乳，對新手媽媽而言，的確是極大的挑戰，真的是需要專業的泌乳師協助，才能達到母嬰互滿足的圓滿境界。也就是說，哺餵母乳其實隱藏著很大的學問！

惠菊曾是我的好同事兼戰友，她一直對產後照護有著極高的熱忱，累積多年的實務經驗後，取得國際泌乳顧問認證。再加上對專業領域的使命感，全方位學習相關知識，包括產前、產後按摩及無痛乳腺按摩等。她聆聽了哺餵母乳的媽媽面臨的林林總總疑惑、困境及辛酸血淚，在工作之餘將專業的智慧與經驗撰寫成書。本書用簡單易懂的文字與鮮明的圖示，循序漸進地分享哺乳的正向觀念與方法，並帶入一些私房小訣竅，例如：寶寶不喜歡喝解凍母奶時的應變方法，脹奶時的冷敷法。更透過科學驗證及臨床的實際應用來分析與比較，提供哺餵母乳的媽媽們可以依個別情況來選擇合適的處理方法，此外更深入分享疏通乳腺的無痛方法，以及從中醫角度分析發奶與退奶食物。

作者更擅於引用生動的故事來陳述一些複雜的生理機制，例如：寶寶學含乳像學騎單車。還有描述嬰兒剛出生為什麼會不安，導致他們即便吃飽了還要想黏著媽媽。透過案例分享讓讀者融入情境，知己知彼，了解原來每個媽媽都有類似的擔心。在坐月子期間很多新手媽媽相當在意與執著於親餵奶量與補餐一事，書中用生活化吃到飽餐廳的概念舉例說明，真的是再貼切不過了！

這是一本哺餵母乳的教戰手冊，除了瞭解奶水的製造原理，各種塞奶、石頭奶、乳腺炎、甚至媽媽手的問題，都有應對的原理與方法。除了協助解決脹奶帶來的不適、還讓你紓解愛的壓力。推廣哺餵母乳是很好的政策，目的是希望媽媽滿滿的愛能藉由哺餵母乳，給孩子更多的安全感與滿足，進而增進親子之間的依附關係，然而卻在無形之中帶給新手媽媽無限的生理痛楚與心理壓力。

身為月子中心的專業護理人員，除了具備專業知能外，更需具備細心觀察、耐心照護的特質，以及同理心。能夠體會哺乳媽媽們心中有形與無形壓力。這本書不僅是哺餵母乳的媽媽們絕佳的學習寶典，同時也是產後護理機構專業人員養成教育的最高指南。新手媽媽藉此可以認識自己、準備自己，讓哺乳變簡單，快樂享受親子黏巴達，護理人員也能有效學習，不僅能提供母嬰身心靈的照顧，也將能成為通乳高手。

現任祈新婦產科診所護理長　**紀麗花**

❸

說到哺乳這件事，就讓我想起內人當初生產以及產後護理的那段日子。

還記得我們家妹妹第一天來這個世上報到，休息一會兒後便開始「找吃的」，很自然地像隻小猴子般爬到媽媽的胸前尋找「下嘴」的目標，本能地找到乳頭後，開始大快朵頤起來。

內人原本滿臉笑容，準備享受當母親、哺乳的快樂，但在孩子一用力吸吮的時候，臉色大變，哀嚎了起來，因為孩子吸得挺大力，接下來的幾個禮拜，除了乳頭持續被孩子「摧殘」之外，還要擔心奶量不夠的問題。而我雖然愛莫能助，但還是盡力地協助用擠奶器希望增加產量，並且站在不浪費天然資源的立場上，把孩子喝不完的母奶送進自己的肚子裡。

有過這樣經驗以及即將為人父母的讀者們，相信都會非常高興看到惠菊這本《圖解新手媽媽成功餵母乳》的問世，因為它能給予父母更多關於哺乳的正確知識，減少過程中不必要的焦慮和恐懼，讓哺乳成為父母既期待又開心的事情。

我一直相信，在這個階段，讓孩子吃得開心，母親保持健康與良好的心情，對於家庭的和諧發展，有著決定性的影響。因此，這本書不只即將為人母親者應該看，即便身為男人，也應該買一本來看，最好還多買幾本送給自己即將生育的親戚和友人看。

除了專業知識的分享外，我推薦這本書的背後，還有一個更重要的理由。大家或許都知道，我是一個出版過 20 多本暢銷書的作家。而除了自己出版作品，也開設課程，教授如何順利出書的秘訣。作者惠菊就是聽過我課程的學生。但我不得不說，許多人即使獲得了知識與方法，卻不見得能真的採取行動，往自己的目標邁進，但惠菊就是那少數一確定目標、知道方法後，就勇往直前的人。所以差不多在聽完我課程一年後的時間，便把這本書的內容寫好，也即將呈現在世人的面前。

當我看了惠菊的作者序之後，便對這一切毫不感到意外，因為她為了深耕正確哺乳這個領域，甚至努力考上了國際認證泌乳顧問（IBCLC）的執照，只為了能幫助更多母親在授乳這件事情上能少走痛苦路和冤枉路，也無怪乎這樣子的熱情與決心，能推動她以最短的時間實現成為作家的夢想。

這樣充滿經驗與熱情的作者所寫的《圖解新手媽媽成功餵母乳》，裡頭真的鉅細靡遺地介紹了關於哺乳以及護理的知識，相信能夠為即將成為父母的您，帶來莫大的幫助。建構孩子健康的未來，就從打好哺乳期的基礎開始吧！

知名作家、演講家與主持人　**鄭匡宇**

❶

我想我這輩子都忘不了塞奶之痛。哺乳期間，我總共遇過六位泌乳師。曾經看到泌乳師就有種恐懼感，因為通乳的過程實在是太痛了，但是不處理又不行，因為再嚴重下去恐怕會發燒、甚至得乳腺炎。直到有天遇見了惠菊泌乳顧問才知道，原來疏通乳腺這件事可以這麼無壓力（害怕疼痛的壓力），甚至到後面我居然睡著了！

惠菊極度親切，會先了解媽媽的狀況後，再依照需求下去解說，並用無痛的手法來疏通乳腺，居然能無痛！這讓我減低了不少哺乳的壓力，她告訴我其實疏通乳腺是不會痛的，若是感到疼痛一定要跟泌乳師喊停，但是我歷經了幾位泌乳師都是「妳喊妳的，她推她的」，這真的讓人感到壓力重重；直到遇見惠菊才改變我的認知。

我真心希望能讓更多媽媽們認識惠菊，尤其是易塞奶體質的媽媽們，有機會一定要體驗她的無痛之手，我想應該有許多媽媽因為敵不過塞奶之痛而放棄哺乳這條路，我在哺乳這條路能走下去真的要感謝惠菊，讓我減輕壓力，並不再太害怕塞奶這件事，而且我在遇到她之後才發現自己在哺乳知識上的不足。聽到她要寫書時，真心替她開心，也為了將來讀到這本書的媽媽們開心，因為她真的是一位很棒的泌乳顧問，何其幸運能認識她。

Yu

2

剖腹完第三天，當天晚上就脹奶了，而沒經驗的我只覺得胸部很不舒服，整個晚上翻來覆去睡不著。第四天出院進入月子中心，惠菊非常親切詢問我哺乳遇到的問題。尤其當日下午三點多，記得我連翻側身輕壓到胸部邊緣都覺得好痛，偏偏剖腹產的我得側身起床，每一次的起身都是煎熬。惠菊當下立刻發揮她的專業，用熟稔的按摩手法幫我疏通胸部乳腺，邊按摩邊溫柔地和我聊天說話，讓緊繃的我緩解身心的壓力。

每天四小時擠奶一次，還要學習如何照顧娃兒的日子，和一開始想像度假般的坐月子完全不同，上演各種手忙腳亂和擔憂。尤其，光是邊擠奶邊低頭看擠出多少奶，感覺脖子都要斷了。由於我奶水不像一般人那麼多，滴滴珍貴，每次半夜好累好睏的時候，就會感到自責，覺得自己可以給娃兒的奶好少。

後來惠菊教了我躺餵的好方式，讓我和寶寶都可以舒適地進食和休息。一開始，把娃兒放在月亮枕上靠著餵是最基本的方式，我卻老是做不好，加上寶寶肚子餓大哭的時候，簡直手忙腳亂，這時候多虧惠菊天使般的降臨，並多次耐心教導我正確的姿勢。甚至我出月子中心後，還到家裡來做我的精神支柱，並教我和先生如何幫寶寶身體按摩，點點滴滴都感恩在心。

林雪兔

❸

記得一年多前，當時進入月子中心時是生產後的第三天，因為是第二胎，奶脹得很快，有點措手不及，凌晨已經脹到硬邦邦的，都擠不太出來，而且胸部也已經脹紅了。當時惠菊是月子中心的副護理長，她早上探房時看到我的狀況，當下緊急冰敷，並幫我輕柔按摩、擠奶，並說明如果沒有比較舒緩就要去看醫生了。

惠菊一次次慢慢地疏通乳腺，並緩和脹太快的乳房，每 3～4 個小時就來幫我按摩和冰敷，每一天都定時探訪我。我非常幸運！大約兩三天，乳房已經消除紅腫了，而且可以正常使用擠乳器擠乳了。此外，每次的按摩都非常舒服又放鬆！好希望可以一直按摩下去呀！

從惠菊身上學習到，面對脹奶絕對不可以操之過急，一切都要慢慢來，而且要溫柔以待。感謝她的幫忙，讓我在月子中心有了一個很信賴的靠山。

碰捧媽媽

我是在月子中心認識惠菊。身為一位新手媽媽，每天都在煩惱著奶量不夠的問題，真的就像惠菊書裡講的，我對母乳有種不可思議的執著，在這樣的壓力之下，非但奶量不夠多，我的心情也無法真正享受當媽媽的喜悅。

我找遍了網路文章，還花錢請了按摩師來按摩，都無法真正增加奶量。這時候，惠菊就像個小天使，一早來敲我的門說：「媽媽，我聽別的護理師說妳很擔心奶量不足的問題，妳願意讓我來幫幫妳嗎？」

接下來的一個多小時，惠菊用她專業的手法一邊幫我按摩，一邊教學講解哺乳知識，整個過程結束後我的心情放鬆許多。我真的永遠記得惠菊對我伸出援手，不單是在她傳授專業知識，讓我更感動的是她對新手媽媽的同理心，等離開月子中心之後，也依然持續關心我。後來我親餵、瓶餵母乳一直到寶寶8個月大！真的是太開心了。

曉苓

Preface 作者序

十五年前，醫院主動提供配方奶給新生兒是很常見的事，當時母乳推廣並不普及，老一輩還存在著「有錢人家的小孩才喝配方奶，窮人家的小孩是喝母奶」的觀念。因此，餵母奶的知識並不普及。

我在生下寶寶之後，雖然當時醫院有教導簡單的乳房護理，也口頭告知大概要如何擠奶，但是回家後乳房脹到像石頭，沒想到脹奶比剖腹傷口還痛，稍微碰到就痛到不行。身為新手媽媽不懂得如何舒緩乳房，幾天下來，寶寶已經習慣喝瓶餵配方奶了，更不願意吸含如石頭般腫脹的乳房。於是，我的奶量很快就消退了，現在回想起來真的好可惜啊！如果當時有人教我、幫我、理解我，那麼我的哺乳之路會更順利、更長久。

因緣際會來到產後護理之家工作，在工作中常會遇到新手媽媽的泌乳問題，也常碰到媽媽苦於乳房腫脹、阻塞的疼痛。雖然說若選擇親餵，寶寶吸得好，就能解決這些問題了，但往往不是這麼順利。雖然盡力幫忙舒緩疼痛，但是仍然沒辦法馬上讓疼痛消失。回想起自己也曾經歷連呼吸也痛的石頭奶，心想「有沒有更好的舒緩技巧」呢？

所以，想多了解這方面的知識來幫助她們，積極進修非常多的專業課程，也更努力加強學習有關舒緩乳房不適的按摩手法，再加上自己所學的理論基礎，不斷修正與更新，最後研發了「引奶陣的六招乳房按摩術」及「疏通乳腺的無痛按摩」幫助了無數的媽媽。還有一位媽咪很可愛地跟寶寶說：「女兒啊，妳有ㄋㄟㄋㄟ可以喝，都是因為這位護理師的功勞，否則太痛了，我一定很快就打退堂鼓啦。」有了媽媽們的鼓勵，我繼續努力，考上國際認證泌乳顧問（IBCLC），服務更多的媽媽。

我是擁有國際認證泌乳顧問（IBCLC），擁有在產後護理之家六年的臨床經驗，同時也是一位媽媽。我深深理解媽媽們的各種哺乳問題及無形壓力，還有來自各方的道德綁架，讓許多家庭因選擇母乳之路而備感艱辛，心裡常感到無助與挫折。

然而在臨床這幾年也看到太多媽媽們常常為了一句話「為母則強」而太過執念，不管流血、流淚都要繼續哺餵。或是存著「只想給寶寶最好」的觀念，往往給自己壓力太大，甚至罹患產後憂鬱症；也有媽媽說母乳最好，堅決不給配方奶，導致寶寶體重掉太多。醫生曾說過：「母乳一定是最好，但是若有需要，配方奶也不是毒藥。」我也發現有些親餵的媽媽，親餵完一放下寶寶就哭了，所以就一直掛在身上。就算如此，真的增加奶量了嗎？反而讓媽媽疲累到不行，黑眼圈又深又大。有時媽媽表示太小力擠不出奶，所以暴力擠奶、推奶，導致乳房瘀青，還有看到長輩們對媽媽的情緒勒索，讓人喘不過氣，這些都讓我好心疼。

為了幫助媽媽們解決哺乳的大小事及減輕疼痛，我寫了這本書，希望透過這本超多圖解的書，讓讀者們都能輕鬆看懂並理解如何幫助自己順利哺乳，照著做，讓哺乳變簡單了。本書除了提供詳細的母乳知識，還解析媽媽們容易誤解的哺乳觀念，再圖解舒緩乳房疼痛的「疏通乳腺的無痛按摩」，以及增加奶量的泌乳妙招。另外，我也設

計了「附錄：寶寶作息記錄表」讓媽媽輕鬆記錄寶寶的喝奶量及大小便次數，也能藉由掌控寶寶的作息，讓媽媽有更多的休息時間。希望更多的媽咪不要被道德、數字綁架了，有多少餵多少，開心哺乳才能更長久。

無論是新手媽媽或有基礎的護理人員或想進行職涯進修，或是家人想協助舒緩媽媽的哺乳問題，這本書都會有所幫助。

CHAPTER 1

關鍵的第一步，從了解「泌乳機轉」開始

本章重點

哺餵母乳的好處多多，不僅能提供寶寶全方面的營養，而且是最適合寶寶的食物。說到母乳的好處，相信很多人都可以列舉一二，但是提到乳房的結構及如何產生乳汁，多半不那麼清楚，或是覺得為何自己需要知道這麼複雜的機轉啊！其實了解乳房的結構及功能非常關鍵，因為一旦了解之後，對於哺乳的許多疑問都可以找到答案，更重要的是——找到相關問題的解決之道。本章以淺顯易懂的方式，配合插圖說明，讓「泌乳機轉」簡單又明瞭。

1. 乳房的結構

蒙哥馬利氏腺體

最佳保護層，只需一天清潔一次

下方這張圖是乳房的側面圖，可以很清楚看到前方的乳頭、乳暈。在乳暈上有很多一顆顆的小凸起，稱為「蒙哥馬利氏腺體」。有人會問，那有什麼功能嗎？有的，它能分泌油脂及一些抗菌的物質，還會分泌媽媽獨特的氣味；而分泌的油脂可以保護我們的乳頭、乳

乳房的構造

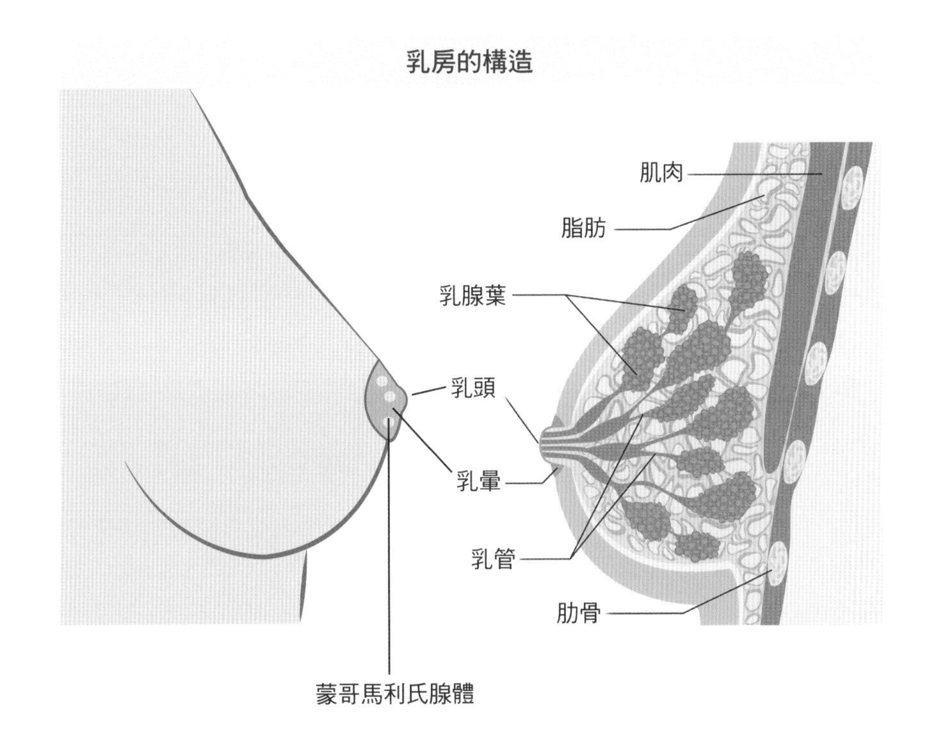

暈。曾經遇到媽媽特地買清潔棉清潔乳房，而且每次哺乳前都會擦得特別乾淨，這樣一來，擦去了油脂保護層，很容易造成乳頭及乳暈皮膚較乾燥，反而提高破皮受傷的風險。因此，建議媽媽們，乳房只需一天一次，利用洗澡時清洗就可以了；若是天氣很熱，覺得身上很黏膩，稍稍擦拭一下即可。

蒙哥馬利氏腺體的用處

1.分泌油脂
2.分泌抗菌的物質
3.分泌媽媽獨特的氣味

寶寶的尋乳反射——媽媽的味道

• 寶寶對爸爸比較不會有尋乳反應。

懷孕後乳暈顏色會變深，有學者認為是因為可以讓寶寶比較能看到媽媽的乳房位置，很快找到媽媽的乳房；主要還有因為蒙哥馬利氏腺體會分泌媽媽獨特的氣味，所以寶寶能很快找到乳房的位置。

曾有媽媽分享，當寶寶吸完奶，過了不久，如果還是抱在媽媽身上，尤其是搖籃式抱法，寶寶還是會有尋乳的動作；但若是讓爸爸抱著，就不會出現相同反應了。爸爸很自豪的說：「看吧！我抱得太好了，寶寶不會動來動去、煩躁、想找奶喝。」媽媽想：「爸爸沒有那味道，所以寶寶比較不會有尋乳反射，真是太神奇了。」

脂肪細胞 vs. 乳腺組織

乳腺才是決定乳汁多寡的關鍵，而非乳房大小

從乳房內部結構來看，可見到很多乳腺、乳腺葉。單側乳房約由15～25 個乳腺葉構成，將這些乳腺葉看成一串葡萄，把其中一顆葡萄放大來看，可以清楚看到內含「泌乳細胞」，其外還有肌肉細胞包圍與一些血管。泌乳細胞，顧名思義就是分泌乳汁的細胞，當細胞製造分泌乳汁的時候，會先暫時儲存在這個空腔裡面。

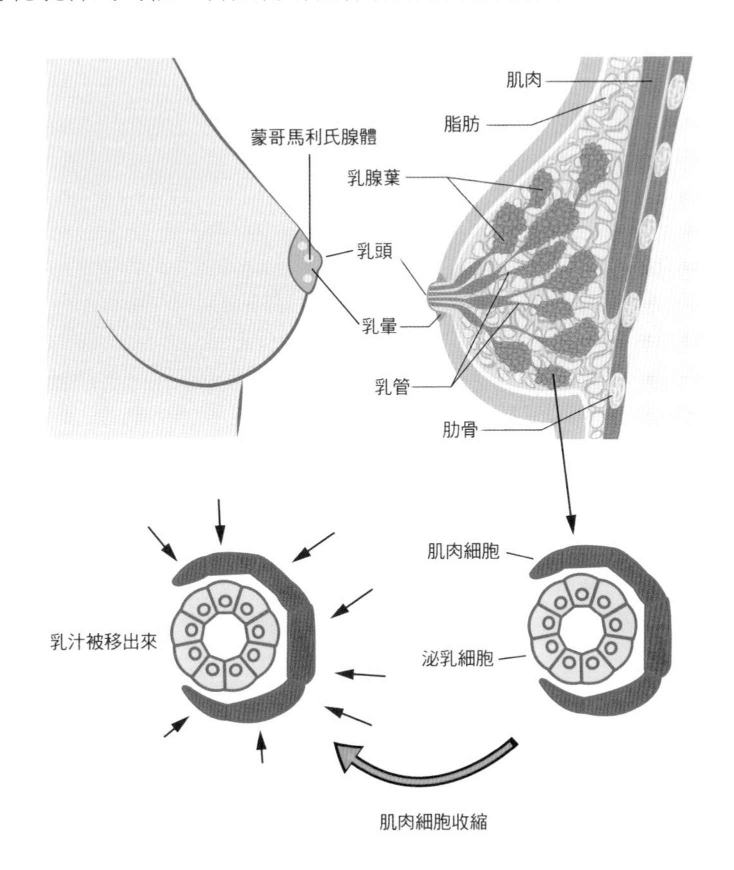

在簡單了解乳房內部構造之後，到底寶寶是如何喝到媽媽的奶水呢？取決於兩個要件——第一，製造奶水；第二，流出奶水。這個過程中，肌肉細胞收縮推送乳汁出來，由小管輸送乳汁，小管再匯集成較大的乳管，最後開口於乳頭，使寶寶很容易可以吸到奶水；而這個過程還會受到神奇荷爾蒙的作用，後續會進一步介紹。

乳房結構圖裡，看見很多的脂肪細胞及支持組織，然而脂肪的多寡跟乳房大小有關，而脂肪細胞不會分泌乳汁，所以乳房大小與乳汁多寡並不相關，乳房小還是有奶啊！和乳房大小有關的其實是「奶水的儲存量」。乳房大小就好比房間大小，大房間能放多一點東西，小房間確實空間有限，能放的東西就比較少。然而奶水儲存量較小的媽媽，只要藉由較頻繁移出乳汁，或是多哺餵寶寶，如此一來，產出的母乳量與儲存量較大的媽媽其實差不多，所以不能說奶小就沒有奶。當然實務上，的確遇過媽媽可能乳腺組織發育較少，分泌乳汁相較之下沒這麼多的情形，但這種例子非常少數。

到目前為止，是不是覺得乳房結構並沒想像中這麼難理解了。

寶寶喝到奶水的兩要件

1.製造奶水

2.流出奶水

肌肉細胞要收縮才會推出奶水，集中到較大的乳管，最後從乳頭流出，這樣寶寶才會喝到奶水。

2. 生成及調節乳汁

乳汁的生成及調節主要分為三個階段，第一期是懷孕 16-22 週開始到產後頭 2 天；第二期是產後第 3 天到第 8 天；第三期是產後第 9 天一直持續到退化期。一旦了解階段性的變化之後，很多觀念都會豁然開朗。

階段	時間	乳汁狀態
1 第一期	懷孕 16-22 週到產後頭 2 天	泌乳激素刺激乳腺製造奶水，懷孕中後期開始製造奶水，因高濃度的黃體素會抑制分泌乳汁，所以生產後頭兩天的初乳量很少。
2 第二期	產後第 3 天到第 8 天	黃體激素會驟降，由泌乳激素控制奶水，奶水分泌充沛，乳房飽滿而溫熱。
3 第三期	產後第 9 天到退化期	內分泌轉由乳腺體自我控制，乳汁移出的次數和份量是奶量的主要關鍵。只需供需平衡，持續建立奶水分泌即可。

第一期：懷孕第 16～22 週～產後頭 2 天

盡早擠奶或親餵刺激乳汁分泌

神奇荷爾蒙之一的泌乳激素，從媽媽懷孕的第 16～22 週開始，到產後第 2 天已在持續作用。泌乳激素刺激乳腺的泌乳細胞製造奶水，所以可能有些媽媽們會發現，在懷孕中期時，乳房出現一點點的乳白色或甚至一兩滴乳汁了，沒錯！那就是初乳。你會發現初乳的量很少，因為在懷孕時，胎盤高濃度的黃體素會抑制分泌乳汁，所以初乳的量很少，直到產後 2 天初乳都比較少。

從生理構造來看，寶寶出生前幾天時，胃的容量同樣很小，出生第 1 天的寶寶，胃容量僅約 5 ml 左右，寶寶跟媽媽的搭配真的是太完美了！初期媽媽的乳汁分泌量沒這麼多，此時乳房很軟、乳頭延展性較好，剛好很適合親餵，寶寶比較好含上；也因為如此，寶寶很常會尋找媽媽，跟媽媽要奶喝，這是很正常的原始反應。

這裡也提醒媽媽，產後第 1 天，覺得身體狀態許可的時候，就要開始擠奶或是親餵。很多媽媽自己覺得奶水還沒來，因而以為不需要擠奶，或是覺得乳汁量不足以餵寶寶喝。其實不然，在這時期，就算只有幾滴的乳汁，只要盡早擠奶或是親餵，都可以刺激乳汁分泌，此時建議約每 3 小時擠一次；若是親餵，則依寶寶的需求而不限哺餵次數。這階段乳汁可能較濃稠，有些媽媽會吃卵磷脂讓乳汁變稀方便排出，但不會增加奶量，多親餵或規律擠奶，奶量才會變多。

• 懷孕中後期會開始製造奶水，可能會有一點初乳；產後頭 2 天，因為高濃度的黃體素，所以初乳量很少。某些醫院會給空針筒讓媽媽吸取珍貴的幾滴奶水。

第二期：產後第 3～8 天

擠奶使脹硬的乳房軟化，寶寶好含乳

第二個時期在產後第 3～8 天。當胎盤娩出後，媽媽體內的黃體素迅速降低，此時會由泌乳激素控制；也就是說，不管媽媽要不要餵母奶，都會發現奶水開始突然多起來了，也會感覺乳房熱熱脹脹的。此時，媽媽開始覺得乳房腫脹、不舒服、疼痛，甚至脹硬。

如果等到這個階段，媽媽才開始試著哺餵母乳，會發現親餵難度增加，像是寶寶可能含不住、不好含乳。也有些媽媽疑惑表示，頭兩天寶寶還願意含，怎麼剛到月子中心或是回家後就不願意了呢？我將這個時期用「蘋果」來比喻，試想，乳房彷彿蘋果一般，這麼硬，寶寶怎麼含？所以這個時候，建議媽媽先擠出一些乳汁，讓前端比較軟，寶寶會比較願意吸。

• 擠奶完如果還是很不舒服，可以用毛巾包著冰塊冷敷乳房。

在這個時期，媽媽常會覺得怎麼才剛擠完沒多久好像又開始脹了呢？若是如此，在擠完奶後還是很不舒服，建議可以冷敷；但是冷敷的時候，必須避開乳頭及乳暈。記住！這個時期千萬不能熱敷。常碰到這階段的媽媽，誤以為熱敷才會讓乳房變軟，卻沒想到熱敷完之後血管擴張、更脹，甚至擠不太出來。

• 這個時期千萬不能熱敷！

第三期：產後第 9 天～退化期

頻繁擠奶是乳汁供需平衡的關鍵

最後一個階段是從產後第 9 天一直持續到退化期。這時由內分泌轉向到腺體自我控制，代表什麼意思呢？意思是雖然仍有泌乳激素，但是泌乳激素的量已經降低，而此時變為乳房自行控制。如此一來，移出乳汁是控制機轉的關鍵，即為供需平衡的原理。當刺激越多、移出（擠奶）越多，補回的速度就會越快。如果久久才擠奶，大腦會認為這就是你需要的量，那我就補慢一點、補少一點；反之，若是媽媽頻繁擠奶，大腦一直接受到需求訊息，認為原來身體需要這麼多的量，那我補多一點、補快一點。所以，常聽到越吸奶水越多，可見頻繁排出乳汁非常重要。

到了這個時期，媽媽會覺得乳房已經沒這麼腫脹，有時會將擠奶時間的間距拉長到 4～5 小時。她們誤以為等到乳房脹一點再擠奶，可以擠得比較多，卻不知道脹奶其實是退奶的開始啊！所以定時且頻繁的擠奶才不會降低奶量。

3. 神奇荷爾蒙

與哺乳有關的兩種神奇荷爾蒙——泌乳激素、催產激素。

如同一開始所說，寶寶要能喝到奶水，取決於兩個要件——首先是製造奶水，再來則是流出奶水。製造奶水需要泌乳激素的作用，而流出奶水，則需要催產激素。

泌乳激素製造奶水，但還需要催產激素作用至肌肉細胞，使肌肉細胞收縮，才能將奶水推送出來。這個過程就好比消費者下單訂購商品，身為製造商，你擁有完善的工廠與設備，工人也都就位，並完成商品的製造；但僅僅將商品製造出來，此時商品還放在工廠裡，消費者還沒拿到手，任務尚未達成，你需要快遞人員將商品送到消費者手上或家門口才行。商品製造好比泌乳激素，而快遞運送好比催產激素，因此這兩者都很重要。

荷爾蒙的機制

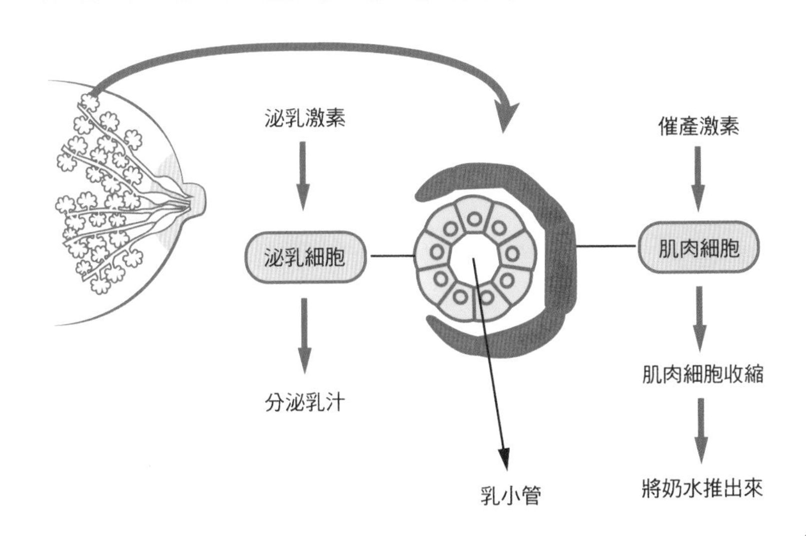

泌乳激素：分泌乳汁

光從「泌乳激素」的字面上就可以猜想，泌乳是分泌乳汁。當寶寶吸吮媽媽乳房的時候，乳房受到感覺刺激，這個刺激從乳房傳到大腦；此時大腦中一個稱為腦下垂體前葉的構造就會分泌出泌乳激素；當分泌泌乳激素後，經由血液到達乳房，作用於乳房上的泌乳細胞，使泌乳細胞趕緊製造奶水。

寶寶常吸吮＋夜間哺餵＝產出乳汁的正向循環

媽媽們常會問：「寶寶吸的時候，才做便當（製造奶水），這樣來得及嗎？」對，沒錯，來不及。想想看，當寶寶肚子餓了，我才去市場買菜，回到家洗菜、煮菜，當然來不及。想想那畫面，寶寶應該哭慘啦！回到媽媽的疑問，其實寶寶正在吸吮的是「原本儲存在乳房的奶水」。寶寶吸吮母親乳房時，感覺刺激傳到大腦，向大腦下達「寶寶餓了，寶寶要奶奶，趕緊製造啊！」的訊息，此時製造的是下一餐的量。媽媽們是不是常聽到，寶寶吸越多，乳房就會製造越多奶水，就是這個道理。

• 寶寶吸吮的話，會刺激大腦的泌乳激素，製造下一餐的奶水。

另外，泌乳激素濃度在夜間比較高，而且在夜間哺餵的話，大腦會釋放比起白天更多的泌乳激素，所以夜間哺餵也非常重要。泌乳激素的另一個功效是讓母親感覺放鬆，有時候會引發睡意，所以就算在夜間餵奶，餵奶完媽媽也能夠輕易入眠。

也有媽媽會問，如果寶寶不在身邊，或是有其他的因素，像是採用瓶餵的媽媽，沒辦法讓寶寶常常吸吮乳房，該怎麼辦呢？別擔心，只要媽媽持續擠出奶水，就能維持奶水的供應量，因為擠奶也是一種刺激乳房的方式。當排出乳汁後，大腦接收到需要奶水的訊息，身體就會加緊製造乳汁喔！一般建議每 3 個小時擠一次，可以用手擠或用機器擠。

催產激素：流出乳汁

曾有一位媽媽很可愛，她說：「哦……催產激素就是催下去！原來還需要催旁邊的肌肉細胞，把奶水輸送出來。」

沒錯，這就是第二個神奇荷爾蒙——催產激素。當寶寶吸吮媽媽乳房的時候，感覺的刺激從乳房傳到大腦；此時大腦中腦下垂體後葉會分泌催產激素；催產激素經由血液到達乳房，作用於乳房上的乳腺泡周圍的肌肉，以及乳管管壁上的肌肉細胞；肌肉細胞一收縮，就把乳汁往前推；乳汁經由小管輸送，小管再匯集成較大的乳管，最後開口於乳頭，使寶寶一吸就可以吸到奶水了。

母子連心引發的噴乳反射

說到這邊，媽媽可能會問：「哇！催產激素作用比較快耶！讓細胞收縮就將奶水送出來；但是有時候嬰兒室才打電話通知，寶寶剛推來房間都還沒吸，我的乳汁就出來了，怎麼會這樣呢？」沒錯，催產激素的產生速率比泌乳激素來得快。當嬰兒室打電話給媽媽，跟媽媽說寶寶肚子餓了，你已經預期寶寶等一下就會來了。當寶寶一進來，

泌乳的機制

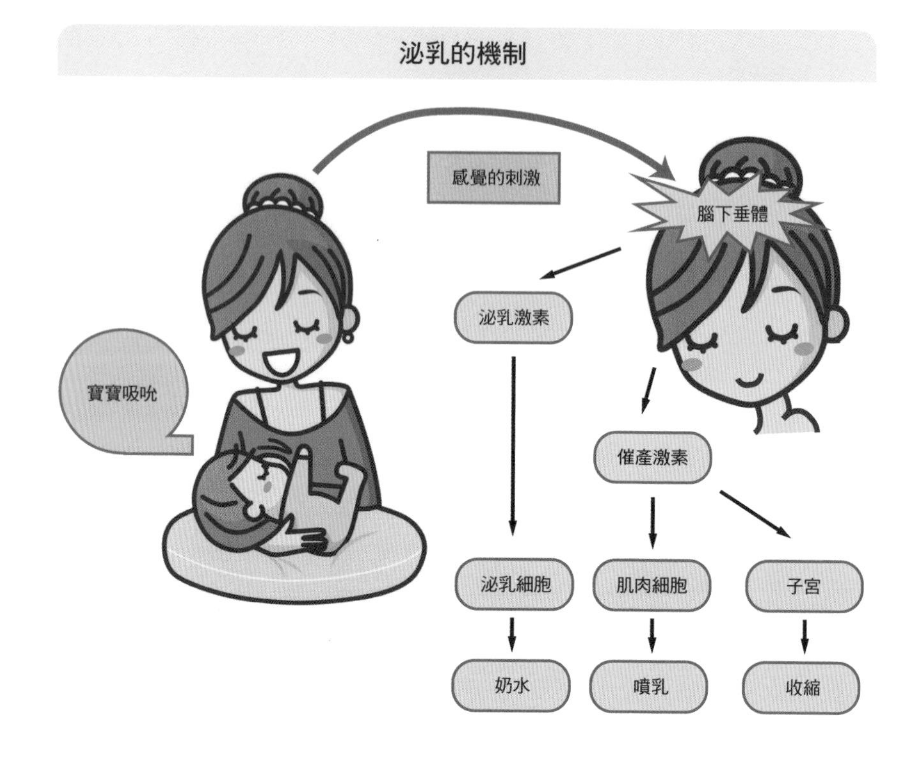

或是聽到寶寶的哭聲，催產激素立刻開始作用，所以乳汁就滴出來了，這也是所謂噴乳反射很活躍。

催產激素分泌的關鍵——快樂的媽媽

關於催產激素，筆者想特別提及一點，聽過催產激素是「快樂荷爾蒙」或「擁抱荷爾蒙」嗎？除了感到快樂和擁抱以外，當感到愛、幸福或是正面能量的時候，都能促進分泌催產激素，所以媽媽的

情緒、想法、感覺，對催產激素影響很大。想到嬰兒的可愛、聽到聲音，或是觸摸到寶寶或寶寶的衣物，甚至聞到寶寶的味道，以及感到滿滿正面能量的時候，都能幫助分泌催產激素，讓奶水順利流出。反之，不好的感覺或負面情緒、疼痛、擔憂或是壓力、懷疑自己奶水不夠、睡眠不足、疲累等，都會抑制分泌催產激素，也就是讓噴乳反射不順暢，這樣一來寶寶只吸到一小部分的乳汁，而媽媽以為自己沒奶水，其實只是沒有流出奶水而已。

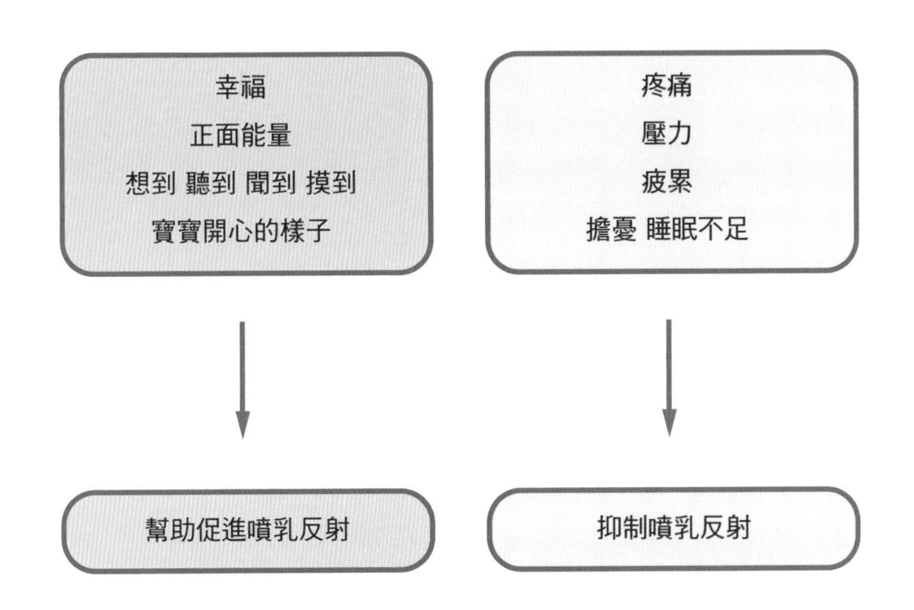

4. 脹奶是退奶的開始

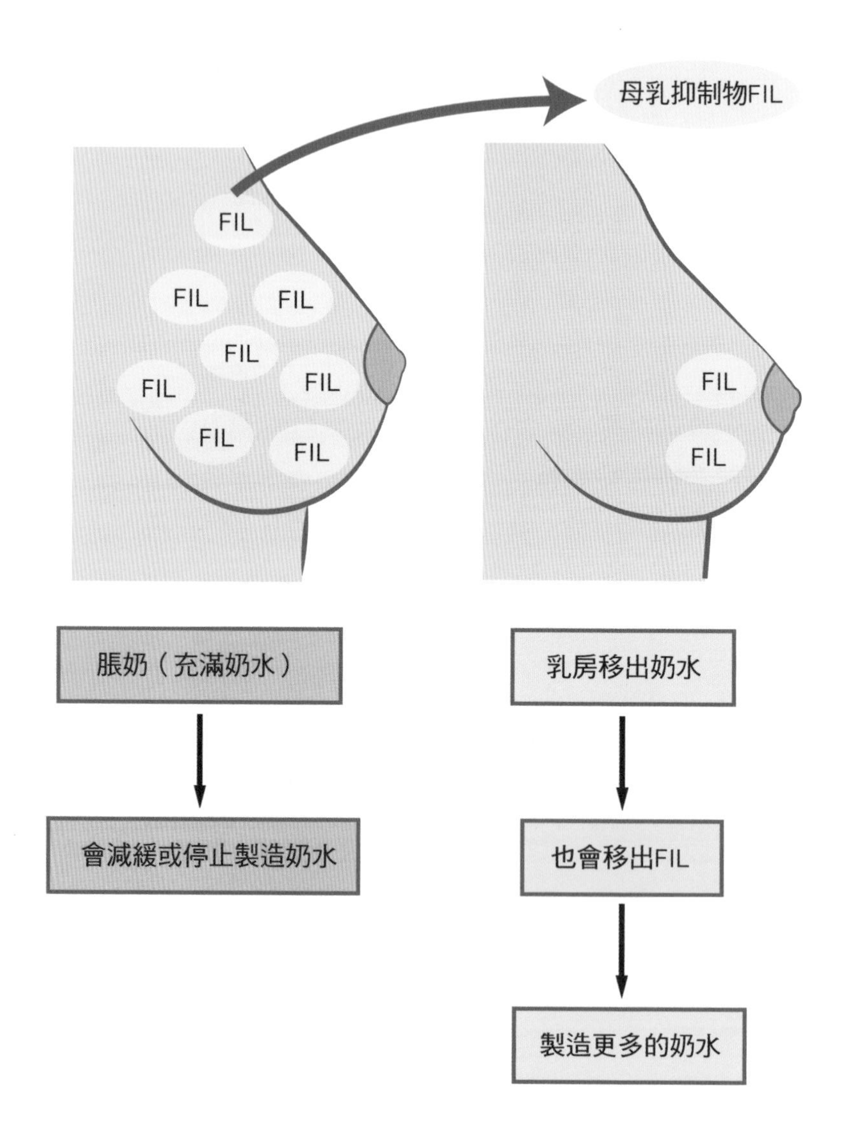

母乳抑制物FIL
FIL
FIL
FIL
FIL
FIL
FIL
FIL
FIL
FIL
FIL
脹奶（充滿奶水）
會減緩或停止製造奶水
乳房移出奶水
也會移出FIL
製造更多的奶水

脹奶會發出抑制乳汁製造的訊息

前面提過，當乳房持續脹奶卻沒有排出乳汁，其實就是退奶的開始。怎麼說呢？曾有媽媽說：「我乳房好脹、不舒服，感覺像是要脹破了！」當然乳房不會真的脹破；另外，也有媽媽分享每次她都隔很長時間才擠奶，以為這樣會擠得多一點，剛開始還不錯，但是好像越來越少了，這是怎麼一回事呢？

乳汁中含一種稱為「FIL」的蛋白質（泌乳回饋性的抑制物），是泌乳重要的調節角色。其作用方式為——當脹奶時，FIL 也會增多，它向大腦傳達：「我現在很不舒服，不要再那麼努力製造乳汁了」的訊息，這個作用也可以保護乳房不會過度腫脹；而且因為媽媽仍沒有擠出乳汁，大腦也接受到訊息，認為需求量沒這麼多，覺得目前已足夠了，當然就製造慢一點，或甚至不製造了。當上述的情況越來越頻繁，持續向大腦傳達「停下來」的訊息。漸漸地，乳房越來越少製造乳汁，甚至停工了。反之，若是媽媽頻繁擠奶，也一起移出乳汁中的 FIL，等於拼命跟大腦說：「我很需要、我需要更多的乳汁。」於是，大腦就會趕緊製造乳汁，製造速度也會加快，繼續合成更多的乳汁。

媽媽頻繁擠奶，也一起移出乳汁中的 FIL，等於拼命跟大腦說：「我很需要、我需要更多的乳汁。」

5. 母乳成分的變化

母乳真的很神奇，它是動態的，其成分會一直改變，會順應寶寶的狀況調整。例如，比較足月兒與早產兒媽媽的乳汁，發現成分比例有所差別。媽媽的身體會因應不同時期的寶寶需要，而改變母乳成分的濃度。除此之外，母乳也會因為媽媽飲食上的改變，成分也會跟著變化——這餐跟下一餐，寶寶喝起來都覺得有一點點不同；或是隨著哺餵母乳的時間長短，成分也會有變化，很神奇吧！

首先，按產後時間將母乳分為三個階段，並介紹其成分的特色：

名稱	階段	母乳變化
❶ 初乳	產後 5 天內的乳汁	顏色偏淡黃色，黏稠度略高，量少。成分包含抗體、生長因子、維他命，還有豐富的礦物質、蛋白質等。
❷ 過渡乳	產後 5-10 天的乳汁	初乳到成熟乳之間所產的乳就叫過渡乳。比起初乳，過渡乳和成熟乳的脂肪含量會逐漸增高，而蛋白質及無機鹽含量的比例會漸減少。
❸ 成熟乳	產後 10-14 天後的乳汁	大多顏色會偏白一些，會依寶寶不同階段的需要自動調整營養成分。

初乳：產後 5 天內

一般來說，產後 5 天內分泌的乳汁，都可以稱為初乳。初乳通常帶些淡黃色，比較濃稠一些。每個媽媽的初乳多少還是有一點差異，像是顏色的深淺不同，也有些黏稠度沒這麼高，甚至稍微水水的都有，這些都是初乳。初乳的量也是每位媽媽都不同，有些媽媽可能僅有 0.1～10 ml，有些媽媽很快就有 20～60 ml。初乳含有很多抗體、生長因子、維生素，還有豐富的礦物質，蛋白質等。

過渡乳：產後第 5～10 天

在初乳與成熟乳之間產出的母乳稱為過渡乳，一般在產後第 5～10 天。相較於初乳，過渡乳和成熟乳的脂肪含量會逐漸增高，而會逐漸減少蛋白質及無機鹽的含量比例。

成熟乳：產後第 10～14 天之後

媽媽產後第 10～14 天之後分泌的乳汁，都可稱為成熟乳。成熟乳通常外觀看起來更稀一點，有些成熟乳的顏色會偏白一些，也有些媽媽的成熟乳呈微黃色。無論母乳的顏色如何，同樣會依寶寶需要來調整其營養成分。

前奶與後奶的比較

很多媽媽以為寶寶吸吮乳房時，前 10 分鐘喝到的是前奶，營養較好，所以每 10 分鐘就讓寶寶換到另一側乳房吸奶。寶寶原本喝奶喝得還不錯卻被媽媽中斷，有些寶寶換到另一邊會繼續吃，但有些寶寶也可能會生氣，就不喝了。

很多人都聽過前後奶，但不清楚該如何區分，誤以為是以時間作區分，其實不是，前後奶並沒有一定的時間切點，而是依乳房脹滿的程度來區隔；也就是說，如果今天寶寶吸奶吸到讓媽媽的乳房舒適鬆

軟時，那麼可以說寶寶已經喝到後奶了。

就前後奶所含的成分來說，前奶含有豐富的蛋白質、乳醣、水分以及其他營養素；而後奶的脂肪含量比較多。若是寶寶喝到後奶，會比較有飽足感；若一直喝到前奶，會很快又想找媽媽喝奶。因此，建議媽媽親餵時，先以單側為主，等寶寶吸到該側乳房鬆軟舒服時，再換邊，讓寶寶能喝到後奶。

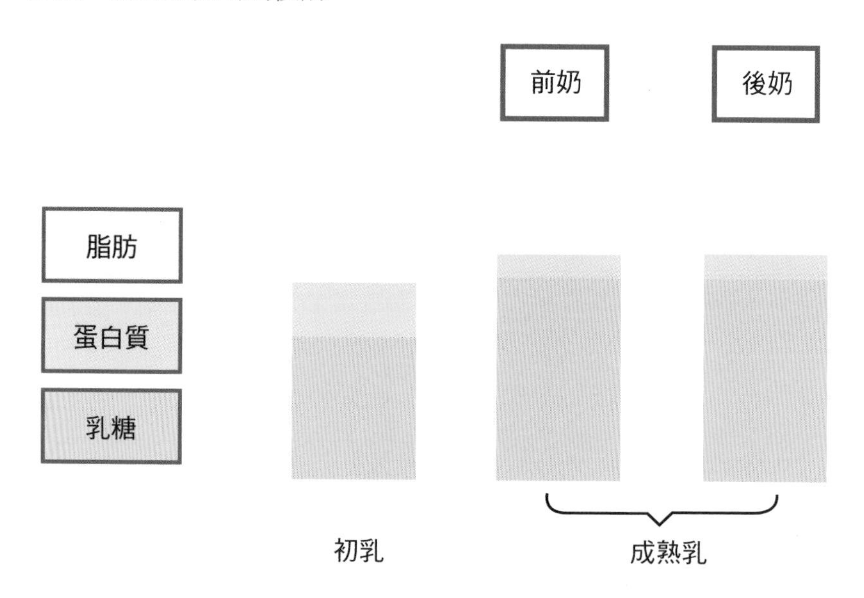

CHAPTER 2

寶寶也有情緒，只是他不會說

本章重點

很多媽媽問：「為什麼寶寶要一直抱在懷裡，一放下就哭，是沒喝飽嗎？」其實，寶寶哭的原因很多，哭不一定代表就是肚子餓了。本章將以寶寶的角度來說明，讓媽媽們明瞭「寶寶到底在想些什麼」。

1. 媽媽，我出來了，請多指教

含乳就像學騎單車

當寶寶還在媽媽肚子裡，約 11～16 週（約 4 個月）的時候，寶寶就會吸手指頭跟吞羊水，也就是寶寶已經開始不斷練習吸吞的動作，雖然這個時期，寶寶吸吮跟吞嚥量還很少；到了後期的時候，寶寶吞嚥的羊水量會變多，動作也越來越熟練，寶寶或許覺得很好玩呢，就像我們吹泡泡那樣。

雖然寶寶在媽媽肚子裡的吞嚥動作越來越熟練，但實際上並沒有真正吸吮媽媽的奶水。羊水與母乳大不相同，當然有些寶寶很快就能掌握吸奶的技巧，但是有些寶寶還是需要練習。這就像我們學習騎腳踏車，有的人學一次就能抓到技巧，就會騎了；但有的人需要練習很多很多次；也有的人好像會騎一點，但因為摔車而受傷，就再也不敢也不想騎了。這些都是我們身邊曾經碰到或聽過的情況，成人都這樣了，又怎麼能要求寶寶一出生就都要很快學會正確含乳呢？

出生的那一刻

寶寶在媽媽肚子裡的時候，在做些什麼呢？寶寶可能很忙，也可能很悠閒。想像一下，寶寶住在一個很溫暖、暗暗的環境裡，常常聽到爸爸及媽媽的講話聲音、對他唱歌等。寶寶無聊的時候就吸一下手指頭、腳趾頭；有時候玩一玩羊水、吹吹氣，累了就睡一覺，做做夢；有時候伸伸懶腰、踢踢腳，讓媽媽摸一摸肚子，寶寶覺得好好玩

喔！

寶寶在這樣的環境下，生活了好久好久。終於有一天，居住的地方有一股強大的收縮力量……寶寶被一直擠一直擠，後來終於被擠了出來。突然，醫生把寶寶拉出來，有些還會打一下寶寶的屁股，寶寶應該會覺得：「發生什麼事？到底是怎麼了，我在裡面好好的，為什麼被拉出來，還會被打，好痛啊！」外面的世界對他來說充滿刺激——寶寶原本在暗暗的環境下生活那麼久，他邊哭邊睜開眼睛，覺得燈光好刺眼；另外，手術室、產房的燈光不僅非常亮，冷氣也很強，寶寶覺得冷，加上燈光又刺激，會覺得好不舒服喔！剪斷臍帶後，寶寶還要靠自己呼吸，他一定覺得好可怕，又緊張又惶恐，然後很無助，很沒有安全感。

• 寶寶在媽媽肚子裡，會吃手、吞羊水、玩耍、睡覺、做夢、伸懶腰、踢腳！

媽媽的懷抱讓寶寶感到安心

寶寶終於來到媽媽的身上，媽媽軟軟的好舒服。終於有一個讓寶寶熟悉的人、熟悉的味道及心跳聲，他比較有安全感了。相信寶寶在這樣的懷抱裡，就算喝飽了，還是不想離開媽媽身上，因為他不知道等一下會發生什麼事情，太可怕了。

只想黏著媽媽

我們想像一下，今天你去旅行，中途被丟到一個荒野的沙漠或叢林，四周都沒有人，你會不會害怕？會吧！你可能擔心出現什麼動物或野獸之類，或是遇到奇怪的事物，真的好恐怖；此時，你突然看到一個人，是你熟悉的導遊，你會不會鬆一口氣，覺得太好了，也比較有安全感；而且，無論導遊往哪裡走，你應該都想跟著他，對嗎？否則自己一個人太害怕了，沒有安全感，寶寶也是一樣。寶寶在媽媽身上終於聞到熟悉的味道，聽到熟悉的聲音，勢必想一直待在媽媽的懷裡，喝奶、睡覺。

試想我們大人在陌生的地方同樣會害怕，沒有安全感，想一想寶寶當然也是，而且寶寶無法自理與控制，只能依靠我們。寶寶肚子餓的時候，需要我們餵他；尿布濕了，也需要我們來換；他原本生活在那樣舒服、溫暖的地方，而且自由自在，突然來到這陌生的環境，一定害怕極了，非常沒安全感，所以寶寶會一直想賴在媽媽的身上。若是寶寶能開口說話，一定會說：「不要拉我走，我要黏住媽媽。」

2. 寶寶要喝多少才足夠

認識寶寶的胃容量

寶寶在媽媽肚子裡面的時候，所有的營養都依賴臍帶的輸送。胎兒的胃不需要執行消化分解、吸收食物，所以胃小小的就可以了，也不會出生後一下就變大。

寶寶的胃容量，在出生第一天的時候，約 5～7 ml，所以寶寶出生前幾天時，每次都吃得很少，會一直找媽媽要奶喝，次數非常頻繁，少量多餐。親餵時，一天餵 8～14 次是很正常的；到了出生第三天，胃容量可能有 20～30 ml；第一週後，大概可以到 60 ml；當然很多媽媽可能認為不只 60 ml，表示：「我家寶寶剛來月子中心時，已經喝到 80 ml 了。」每個寶寶會有一些差異，到寶寶 1 個月大時，胃容量可能成長到 80～150 ml。

寶寶的胃容量大小			
第一天	第三天	第七天	一個月
5～7ml	20-30ml	45-60ml	80-150ml
像櫻桃大	像核桃大	像桃子大	像雞蛋大

寶寶胃容量完美搭配媽媽母乳量

媽媽會發現，寶寶剛出生時沒辦法一次喝很多奶，這正是因為剛出生的寶寶只需要 5 ml 就已足夠。寶寶的胃有彈性，之後會再慢慢變大，而媽媽的少量初乳，與出生寶寶的需求正好相符。

• 剛出生的寶寶哭不一定是肚子餓，因為他胃容量還很小，所以也許是想抱抱。

媽媽初期時需要頻繁餵奶會比較辛苦，也容易認為自己的奶水很少。其實媽媽母乳量的變化，剛好與寶寶的胃容量完美搭配——媽媽剛生完寶寶時奶量還很少，也是慢慢變多；否則媽媽一生完乳汁就超多，試想寶寶要怎麼吸，可能吸一口就嗆到了呢。所以媽媽產後初期不用太擔憂寶寶吃不飽。

• 媽媽的奶量會跟寶寶的胃容量相符

3. 觀察寶寶想吃的表現

每個寶寶的睡眠及進食狀態可能都不同，每個寶寶都是獨立的個體。寶寶哭的原因很多，包括生理、心理、病理的需求，所以寶寶哭不一定都是餓了，哭不等於餓。媽媽可以多跟寶寶相處，試著盡量觀察及回應寶寶，並且給予他更多安全感、信任感。當媽媽越了解寶寶，會漸漸更清楚寶寶的個性；另外，有時試著從寶寶的角度思考，就會更容易理解為什麼寶寶可能出現這些表現。

常有媽媽反應：「當寶寶從嬰兒室推進房間，寶寶是哭著進來的，他明明看起來很餓，但是親餵的時候，他吸幾口就不要了，反而哭得更大聲，常常這樣哭得我好心疼！所以只好瓶餵。」；或是也有媽媽反應：「你看，寶寶明明有尋乳反應，但是為何一上乳房一下子就睡著了？」

首先，我們要學會觀察寶寶想吃的表現。尋乳反射是寶寶出生就有的能力，但不表示寶寶出現這反射反應就是餓了，這是輔助工具，不是主要的依據。

早期訊號：我餓了

我們先觀察寶寶想喝奶的表徵，當然每個寶寶的訊號不會都一樣，所以可以多去觀察。有些寶寶醒來後，會東看看、西看看，發出一點點聲音；或是手會靠近，嘴巴也會張開，動一動頭，這時候有一點餓了；發現怎麼沒人理他，有些寶寶可能會再動一動，還是沒人理他，他又睡了一下。

早期訊號：我餓了

• 蠕動

• 嘴巴打開

• 轉頭

中期訊號：我真的餓了

這時很多寶寶會動作再大一點、揮動手腳；或出現一些掙扎的動作與生氣的表情；或扭動；或看起來想哭但可能還沒哭，有一點躁動，嘴巴仍然找來找去；有時出現吸吮的動作，或是舔一下嘴巴；這些都是寶寶在說：「我餓了！我餓了！」

中期訊號：我真的餓了

• 伸展煩躁

• 肢體動作變多

• 把手放進嘴裡

晚期訊號：我超餓的啦

寶寶內心想，還是沒人理我，所以開始發出哭聲，手腳動作更大，手打腳踢，臉開始脹紅，「天啊！還是沒人理我，那我只好用盡全身的力氣大哭，讓爸爸媽媽聽見，我真的超餓的！」所以當寶寶最後大哭了，表示他超餓；然而等這個時候才讓寶寶上到媽媽的乳房吸奶，他心想我超餓，一開始猛吸幾口，但是發現怎麼吸不到呢？所以會更生氣、更大聲哭，這時候媽媽趕緊給他瓶餵。瓶餵的時候，奶嘴一般是圓孔，寶寶就算沒用力吸，也會自動流出奶水，寶寶很快就喝到了。寶寶很聰明，他發現每次只要這樣做，就會得到很容易喝到的奶水；原來每次用盡力氣大哭，就會給我好喝的奶水；所以有些寶寶，一開始覺得餓，可能直接跳過中間的過程，一醒來就直接大哭。

建議寶寶一開始出現需要餵食的早期訊號時，就讓寶寶吸奶；或者寶寶一哭，先試著安撫他的情緒。觀察寶寶在不那麼激動的情況下，是否還會一直想上乳房。當然，有些寶寶無論何時或者是否喝過輕鬆的奶瓶，一上乳房還是可以吸得很好；但有些寶寶會更生氣，反而更抗拒了，甚至出現表示肚子超餓的晚期訊號——哭鬧、大量動作、臉色變紅。到底該怎麼做，必須依寶寶的情形來調整。有時候寶寶太生氣了，的確會讓寶寶先用奶瓶喝一點，等到沒這麼餓的時候，再試試讓寶寶吸媽媽的乳房，有時候寶寶就會願意了。

晚期訊號：我超餓的啦

• 哭鬧

• 大量肢體動作

• 臉色變紅

4. 寶寶的含乳姿勢

親餵的方式

要怎麼樣讓寶寶含住乳房呢？我們常看到，寶寶一進房間，媽媽馬上將自己的乳房掏出來，並一直對著寶寶說：「快吃快吃」，媽媽努力把乳頭塞進寶寶嘴裡，這個時候，寶寶常常就生氣了；或是寶寶嘴巴微開，媽媽就趕緊將乳頭推進去，寶寶含進去了，但可能是噘著嘴含著。如果是這樣，很容易會弄傷媽媽。

等待寶寶嘴巴張大

首先，親餵寶寶的時候，要抱著寶寶，稍微等待一下；或是用乳頭前端輕碰寶寶的上唇，等寶寶嘴巴張大時再送進去，我們來看下面這張圖：

寶寶用舌頭捲動乳房擠出奶水

那寶寶在喝奶的時候，怎麼才能正確吸到奶水呢？如下圖，寶寶會含住乳暈及下面的組織，並且會使之拉長，看起來很像吸著長長的奶嘴，乳頭只占了約三分之一。寶寶不是只吸乳頭而已，是吸吮乳房。另外，寶寶的吸吮是用舌頭將一部分的乳暈及乳頭，都捲到很裡面，捲到軟硬顎的交界處；他利用舌頭波浪式捲動，然後把奶水擠出來，而不是像吸吸管那樣將奶水吸出乳房。

想像一下，軟硬顎的位置在哪裡呢？試著將舌頭直接往上頂，那是硬顎，再將舌頭往後移，直到感覺變軟之處，這就是軟硬顎交界的位置。寶寶要將媽媽的乳房組織，捲到口腔這麼裡面，媽媽就不會感到疼痛，會不會覺得很神奇呢；再回想前面所說，產後幾天媽媽的乳房很軟，正是寶寶學習的最佳時機。若是遇到媽媽乳房腫脹，可以先擠出一點，讓前端變軟一些，寶寶才會比較好含。

接下來這張圖，說明正確及不正確的寶寶含乳姿勢：

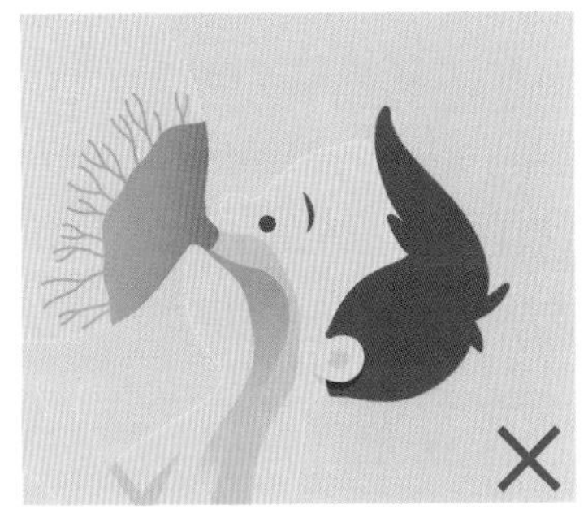

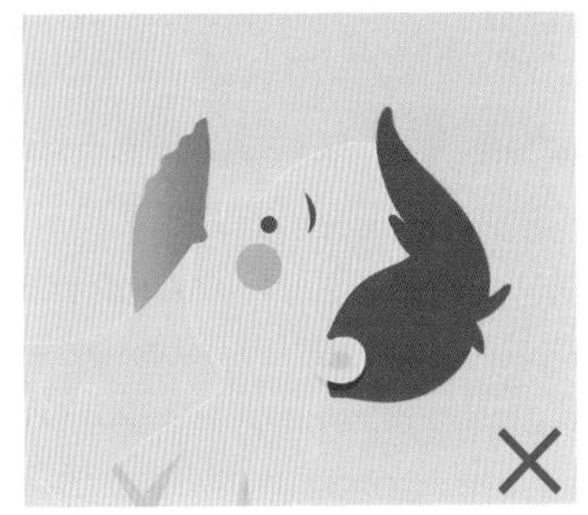

圖一

寶寶的嘴巴張得大大，上方乳暈露出來比下方多，寶寶的下唇會有一點外翻，下巴貼著媽媽的乳房。

圖二

寶寶的嘴巴張得小小的，噘著嘴，上下方乳暈出來很多，下唇沒有外翻，下巴沒有貼著媽媽的乳房。

媽媽不會疼痛，寶寶吸得滿足＝正確含乳

臨床上也經常碰到，有些媽媽很用功，會在網路上找很多資料，也很清楚寶寶如果正確含乳會有哪些表現，還能背得很熟。的確，理論上我們當然希望寶寶含乳含得非常好；但有時候寶寶的下唇可能沒這麼外翻，也沒有百分百符合「正確漂亮的含乳姿勢」。媽媽說，寶寶不像教科書上展現的那樣下唇外翻，雖然吸吮的時候她也不會痛，但她還是一直調整寶寶的嘴巴，想把他扳一下位置，一扳，嘴巴離乳了，寶寶就不喝了；這樣來回了幾次，寶寶非常生氣，最後連吸都不吸了。

當遇到上述這種狀況，重點在於媽媽不會疼痛，而寶寶吸吮時，也讓媽媽的乳房變軟、變舒服，那麼這樣的姿勢就可以了，不調整沒關係；當然，若是過程中媽媽仍感到不舒服、會痛，就需要調整寶寶的含乳姿勢。

判斷寶寶是否正確含乳？

1.哺乳過程中，媽媽不會疼痛。

2.寶寶吸的時候，不會發出「滋滋滋」的聲音。

3.一開始吸的時候，淺而快。但當寶寶真的吸到奶水時，吸吮的動作會變慢。（大約為一秒一次）

4.會聽到寶寶吞嚥的聲音。

另外，親餵時看到乳暈露很多出來，同樣不一定就是含乳不正確。有些媽媽的乳暈很大，所以就算寶寶含進很多，乳暈還是會露出很多。有時候寶寶的下巴沒這麼貼近媽媽，是因為媽媽自己的姿勢也不夠舒服。有時調整一下之後，媽媽會發現，原來可以這樣舒服餵奶，寶寶也能貼著媽媽的身體。

不正確含乳

別讓寶寶噘著嘴

寶寶若是噘著嘴吸媽媽的乳頭，把乳頭吸進吸出，與口腔摩擦，媽媽的乳頭很容易就會受傷，導致乳頭破皮，乳頭與乳暈容易龜裂。這種狀況之下，媽媽會很痛，寶寶往往也只吸到部分的奶水，所以不滿足，就會常常要喝奶；再者，因為只有吸出一部分的乳汁，還有很多留在乳房中，所以造成乳房腫脹，結果又使得奶水製造變少；如此惡性循環下去，寶寶只有吸到一點奶水又很頻繁地討奶，寶寶也會覺得挫折，幾次之後甚至會抗拒媽媽的乳房。喝奶量變少了之後，寶寶體重也不會增加或增加很緩慢。

勿按著寶寶的後腦杓

另外，常常看到不正確的餵奶方式，就是媽媽會將手放在寶寶的後腦杓，想迫使寶寶靠近胸部含乳。但是通常壓住寶寶的後腦杓時，寶寶如同大人一樣，會反射性往後，所以寶寶很容易就鬆開不吸奶了。

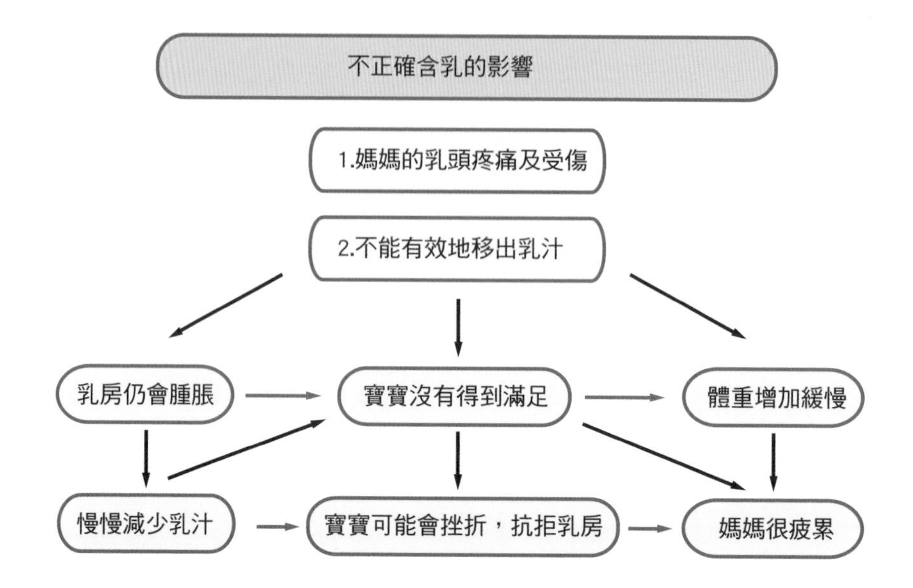

勿用剪刀手握法

一般胸部比較大的媽媽，有時候會適時將乳房塑形，這樣寶寶會比較好含乳喔。

我們先採用一般常聽到的 C 型握法，如以右手來說，也就是右手大拇指在乳房上緣，其餘的四指會在下緣支撐托住乳房。我們在托住乳房時，手指頭要離乳暈遠一點；如果太靠近乳暈的話，寶寶的嘴會容易碰到你的手指頭，造成當你手指頭一移開，寶寶的嘴巴就脫離乳房，又要重新喬位子含乳了。

另外，我常常跟媽媽談到可用手幫助乳房「塑形」，但是常常會將手上下托住乳房的 C 形握法，誤以為是左右托住乳房的 C 形握法。所以，我通常會以吃漢堡為例，如下方左圖，就像是拿漢堡的手

勢一樣，是採平行上下壓；而不是如下方右圖，將手指放在乳房的左右兩側。

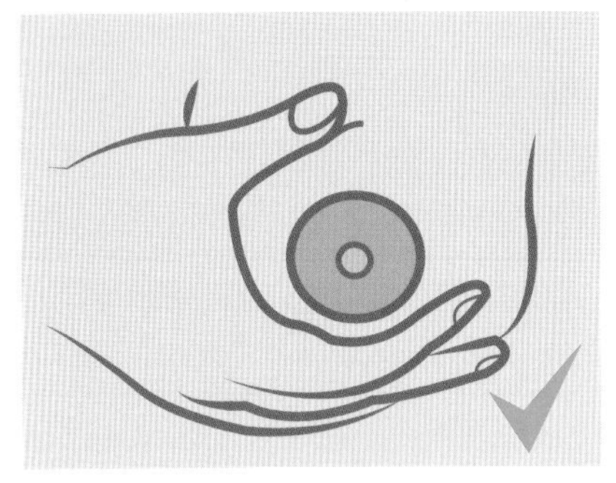

• 正確的C形握法是上下托住。

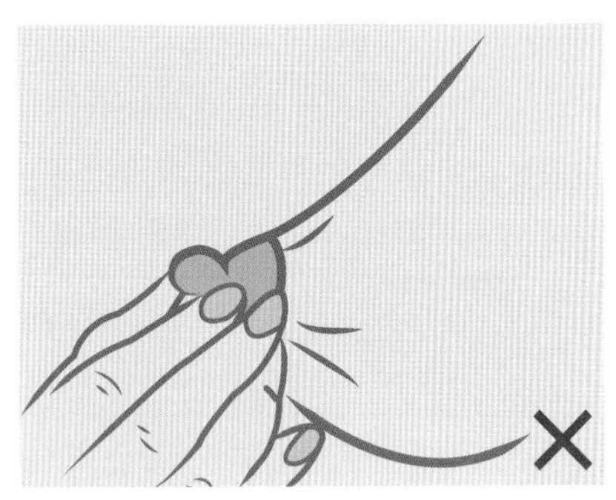

• 錯誤的C形握法，以左右捏住。

所以，將乳房塑形時，千萬要留意的是，寶寶嘴巴的位置，根據寶寶不同的姿勢，以上下壓乳房的方式塑形，並符合寶寶的嘴巴方向，那麼不管寶寶是採搖籃式、橄欖式、半躺式（生物哺育法）都難不倒了。

• 搖籃式

• 橄欖式

• 半躺式

還有很多媽媽常常覺得C形握法，很類似剪刀手夾法，所以想用剪刀手來塑形乳房。但是，其實是不一樣！使用剪刀手時，會變成

食指在上，中指在下，這樣的手勢手掌握的範圍往往不會像 C 形握法那麼多，所以寶寶很容易無法含到大部分的乳暈，也很容易碰到媽媽的手指。而且媽媽用剪刀手會容易壓迫到乳腺管，加上媽媽常常怕寶寶含的時候會跑掉，往往壓很大力，壓很久，反而容易造成乳腺不通呢。所以，會較不建議用右圖這種剪刀手的姿勢喔！

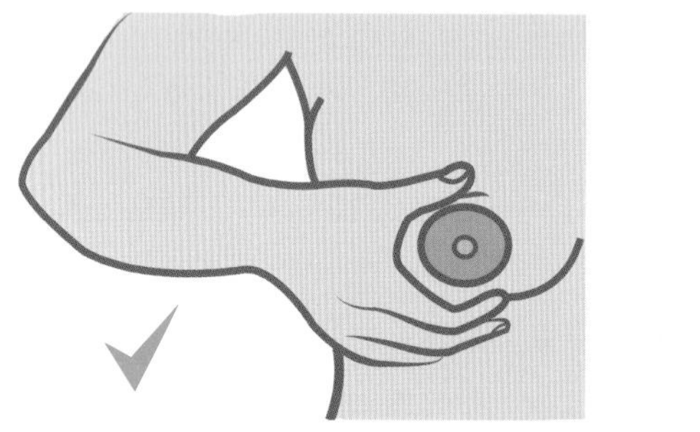
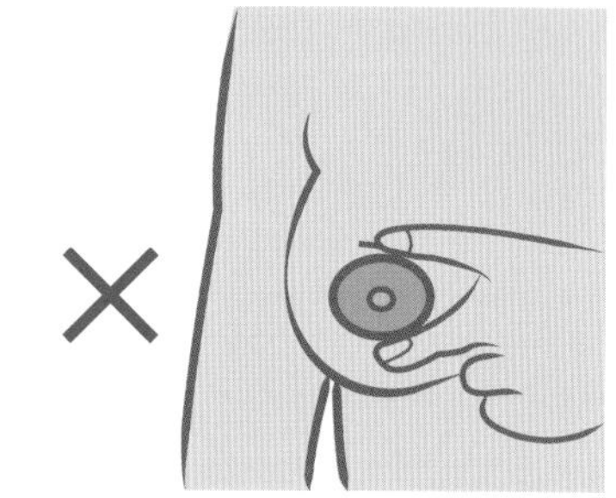

• 不建議用右圖的剪刀手握法，一來會容易壓迫到乳腺管，二來也不容易含住乳暈。

勿讓寶寶吸到簌簌叫

有些阿公阿嬤聽到寶寶吸奶吸到發出滋滋聲或嘖嘖聲，以為是吸得很好，會說那麼好喝，吸到簌簌叫，其實這是不正確含乳喔！這時候用一隻小指，伸進寶寶的嘴角，讓他與媽媽乳房隔開，寶寶就會張開嘴巴；或是輕壓寶寶的牙齦，讓寶寶停止吸吮；或是輕壓媽媽的乳房，寶寶就會張開嘴巴。當寶寶張開嘴巴後，再輕輕移出乳房，不能強行拉開，才不會讓媽媽受傷。

5. 如何知道寶寶吃飽

曾經有一位媽媽太可愛了，她說：「我剛剛親餵寶寶 30 分鐘，我估計他喝到 90 ml 的奶水，你們幫我補上 30 ml 給寶寶喝。我估計這個量是有道理的，我從我感覺到噴乳反射的次數及我的管徑，一管細的，一管比較粗，以平均流速這樣來看，我經過換算，估計可以得到這數字。」我想，哇，親餵能這樣算，太可愛了。如果真有這樣的計算神器，我想應該會熱賣喔！

另外，也很常有媽媽問：「為什麼我剛剛親餵寶寶這麼久，回來還是可以再餵一餐或半餐呢？」；還有碰過寶寶體重不理想，但媽媽說母乳最好，所以堅持不另補配方奶。

寶寶吃飽的徵兆

我們先來了解，若是寶寶吃飽、吃夠奶水，會有哪些表徵？

移開乳房

寶寶可能會別過頭去，移開乳房，看起來滿足；可能有睡意或是睡著。

小便的變化

檢查寶寶尿液是很容易且快速的方法。一般來說，寶寶出生第一週的出生天數，約與排尿次數差不多，也就是說，出生第 1 天解 1 次尿、第 2 天約 2 次、第 3 天約 3 次；一週後，寶寶平均每天會排尿 6～8 次以上，是有一點重量的尿。如果寶寶尿液的顏色很深或味道很重，甚至出現橘紅色的結晶尿，就表示寶寶喝得不夠。

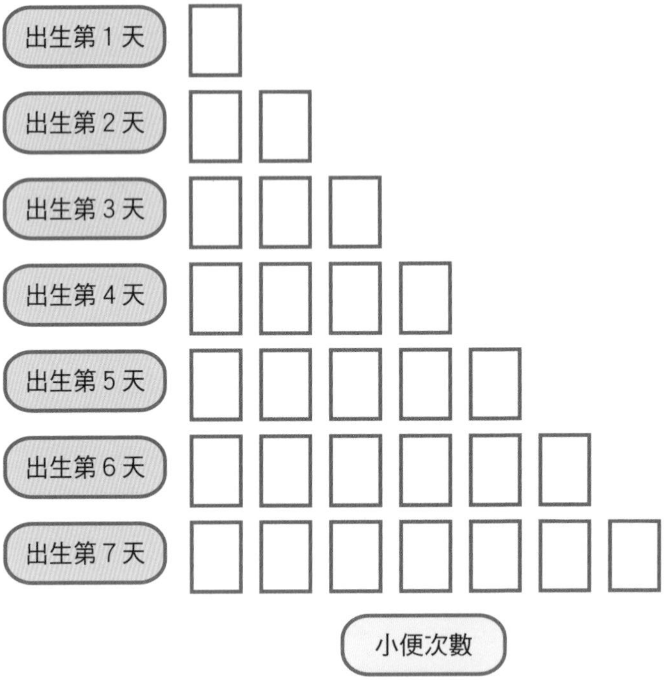

出生第 1 天	□
出生第 2 天	□□
出生第 3 天	□□□
出生第 4 天	□□□□
出生第 5 天	□□□□□
出生第 6 天	□□□□□□
出生第 7 天	□□□□□□□
	小便次數

大便的變化

寶寶出生第 1～2 天，大便呈現黏稠狀，為深黑色及墨綠色的胎便；到了第 3～4 天時，大便開始變成綠黃色；到 5～6 天後，大便通常是黃色帶點顆粒，或有一點稀、糊，呈芥末色。

假如出生後 5～6 天，寶寶還是只有解胎便，就可能沒有喝到足夠的奶水喔。

許多媽咪會問，寶寶一般在吃副食品前，餵母乳跟配方奶，一天分別會大便幾次呢？這的確是很多媽媽從入住月子中心時，以及回家後會有的疑問。

根據 Lawrence 等學者 2011 年的研究提到，未滿月的新生寶寶每天會有 6～8 次的小便，也會至少有 3 次量多的大便。另外，根據馬偕醫院小兒科陳偉熹醫師的衛教資料，新生兒平均一天大便 4 次；哺餵母奶的嬰兒一天可至 6～8 次，甚至 10 次以上。寶寶到四、五個月大時，不論哺餵母奶或配方奶粉，平均一天大便 2 次，這樣的排便次數約維持到一歲。國民健康署提到在滿月之後大便次數會減少，因母奶成分較好吸收，如果寶寶吸收很好，食物殘渣很少，產生的大便量自然也不多，因此就會累積在體內，好幾天才解便一次。

的確，在臨床上常見全母乳哺餵的寶寶，在滿月之後，因為母奶容易被消化與吸收，吸收太好啦！所以，很多天才解便。的確也有研究指出曾有寶寶 21 天沒有解便喔！目前我身邊碰到的案例聽到大約 7～10 天左右。通常超過 1 週後，就會有很多媽媽很擔心寶寶的解便問題。

首先，我們要觀察寶寶是否有活動力下降、肚子鼓脹、不舒服，或是嘔吐、發燒等情形。如果吃好睡好，大便顏色正常（黃或芥末色），又不是呈硬硬的顆粒狀，還是糊軟或是糊稀的狀態，那爸爸媽媽就不用太擔心喔！滿月過後如果是喝配方奶的寶寶，次數可能也不固定，常見的是一天 2～3 次或是 2～3 天一次。

還有，不論是新生兒或是滿月過後的嬰兒，如果寶寶一天大便 10 次以上（尤其是喝配方奶粉），都會特別持續觀察寶寶屁股的皮膚是否發紅，另外也會觀察寶寶的大便是糊狀，還是偏水狀，如果持續 10 次偏水狀，此時建議還是先去尋找醫療協助。

另外，若是混合哺餵（就是配方加母乳，甚至幾乎全配方），寶寶超過 3 天未解便，觀察寶寶常常一直用力，臉也脹紅，但還是沒大便，可以先試著輕輕刺激肛門口（肛溫計套上肛套抹一點凡士林）輕輕伸進去約 1～2 公分做一點旋轉刺激，大部分寶寶會因此產生便意解出來。

如果還是沒有，理想上在喝完奶 2 小時，或至少喝完 1 小時做一些幫助腸蠕動的運動，可以順時鐘按摩肚子或讓寶寶躺著腳踩空中腳踏車，也可以將寶寶的膝蓋微彎往肚子上輕壓 6～10 秒，增加腹壓，以便增加腸蠕動。避免剛喝完就做運動，寶寶會很容易溢奶或吐奶。

如果 5 天還是大不出來，那麼一樣建議還是先尋找醫療諮詢，但如果 3 天未解便，寶寶吃得不好，哭鬧不止，活動力也沒這麼好，那就趕緊先去看醫生了。

在本書末有附上寶寶作息紀錄表，寶寶出生之後，建議家長要養成記錄寶寶的奶量和大小便次數、形態，這真的很重要！這能了解寶寶的規律和習慣，一旦當寶寶跟平常不太一樣時，就要特別注意了。

觀察大便顏色時，可以參考寶寶手冊裡的大便顏色辨識卡，裡面有 6 種較淺的顏色，如淺黃、淺綠、灰白色等，是有問題的大便顏色，若是發現寶寶有這個情形，可以先把大便拍下來，並且帶著尿布一起給醫生看。

另外，要留意的是，當寶寶開始吃副食品之後，大便就會比較成形，也有少數寶寶因不適應而便秘或腹瀉，或是增加解便次數的情形。所以，也會建議添加副食品時，從少量給起，再慢慢增加，並觀察寶寶對食物的反應及適應情形。

體重的增加

寶寶的體重是一個很好的生長指標。寶寶出生的第一週會出現「生理性脫水」，體重會稍微下降，一般 7～10 天就會回到出生體重；或希望至少二週大時回到出生體重。寶寶頭 3 個月的體重至少每週增加 150 公克以上；寶寶 4 個月大時，體重約是出生體重的 2 倍了。另外，也可以參考衛生署的「新版兒童生長曲線」來確認寶寶的生長值。

親餵的奶量問題

關於媽媽提到計算親餵奶量的方法，真的是太可愛了。另一位媽媽也曾說：「我看了很多書、學很多，好希望也能發明如何計算親餵奶量，這樣我就知道寶寶喝進去多少了。」

事實上，無法計算親餵的奶量。親餵的奶量有很多的影響因素，包括寶寶的吸吮方式（有效或無效），寶寶的專心程度，媽媽每次的流量、流速與噴乳反射，或者媽媽的心情、壓力、睡眠等等；而且每次噴乳反射的時間及管數也不一定。有些媽媽的噴乳反射（奶陣）可以一次長達 1～2 分鐘；有些媽媽則為 30 秒；也有些媽媽是順順的滴；也有噴乳反射並不順暢的情況等等。另外一提，一般而言，寶寶吸到的量會比實際擠出的奶量更多喔！

補餐不代表寶寶沒吃飽

還有媽媽問到：「為何寶寶親餵完，還能回去嬰兒室補一餐或是半餐呢？明明我也是有奶的啊！」

通常我會這樣跟媽媽說：「媽媽，我們一餐吃一碗飯或一碗麵，通常可以吃飽對吧！但是今天我們到吃到飽的餐廳用餐，你會只吃一碗飯或一碗麵嗎？通常不會吧。能調整進食量是因為我們的胃有彈性，寶寶也是。寶寶的胃有彈性，而且他本來就有吸吮反射，也有吞嚥反射。當奶瓶的奶嘴碰到寶寶的嘴時，寶寶就會開始吸吮，而口腔裡充滿奶水時，他就會吞嚥；所以有時候你親餵完再給寶寶喝半餐或一餐，寶寶還是會喝。除非他真的太飽太撐，才會無法再喝，或是吐給你看。」

曾經也碰過，媽媽很清楚母乳很好，所以非常努力親餵，只是寶寶的體重一直不大理想，小兒科醫師覺得可以適時補充一些配方奶，但是媽媽仍然堅持親餵母乳。看到媽媽這樣其實非常心疼，也心疼寶寶，因為媽媽給自己壓力太大了。媽媽當然也很擔心寶寶的營養，經過醫師及護理師向媽媽解說與數次的溝通之後，最後媽媽同意適時給予補充，後來寶寶的體重上來了，媽媽也慢慢放心、轉念。

這位媽媽說：「母乳真的很好，但是更重要的是寶寶健康，我才能安心。」在她釋懷之後，她的奶量也慢慢上來了，雖說不是很多，但對媽媽來說已經超級開心了。

雖然母乳營養很好，但是媽媽不需給自己全母乳的壓力，若有需要適時補充配方奶，也可以的。

媽咪SOS

餵奶完，寶寶又哭了，要補多少奶？

有媽咪問我，如果餵奶完，寶寶又哭了，感覺還要喝奶，那要補給寶寶多少呢？這會看寶寶的需求。我舉常見的七種狀況：

A 媽咪想要全親餵，寶寶也願意吸，那麼其實會鼓勵媽咪就依寶寶的需求給，有時候寶寶可能這次吸 6 分飽，就累了，睡覺更重要，就睡了，所以可能媽媽會發現隔了一個小時，寶寶突然又醒了，表現出想喝奶的樣子。這時媽媽就可以再給寶寶吸奶，此時寶寶可能也沒這麼認真，又吸了好一下子，又吸了幾分飽，又睡了，連換尿布也一樣睡很熟。但是，隔了一個小時，又醒了，還是出現想喝的訊號，於是再給寶寶喝奶，這時寶寶吸到累了，可能一次睡 3 小時，等再次醒來，或許這一次吸飽飽才甘願放開媽咪的乳房，然後又能撐 2～4 小時，都有可能呢。

B 媽咪想要親餵，但也想親餵完補瓶餵，覺得哺餵比較規律。希望能大概知道寶寶的下一餐，而且瓶餵能看到喝進去的實際奶量，內心比較安心，才不會壓力這麼大。因為親餵無法測量奶量，那要瓶餵要補多少呢？B 媽咪會依本身一次可以擠出多少奶量，然後乳房鬆軟的程度為大概基準質，比如一次可以擠 50～60ml，那麼媽媽如果親餵完寶寶，覺得跟擠奶完的鬆軟程度差不多，寶寶如果一餐喝 90 ml，那再補給寶寶 30～50 ml，但會看寶寶，如果不想喝了，就不會給寶寶喝了。

C 媽咪也是採親餵完再瓶餵，但是媽咪覺得寶寶大部分都可以吸 20～30 分鐘，自己胸部也不會那麼脹了，等親餵完寶寶，直接補半餐。寶寶一餐奶量約 80～90 ml，媽咪覺得補半餐，因為這樣大約 2～3 小時就想吃下一餐了，這樣可以多刺激分泌乳汁，自己也沒這麼累。

D 媽咪想偶爾親餵就好，但常常也會發現跟寶寶的時間搭不上，所以採取規律擠奶。如果剛好要擠奶，寶寶要喝，就會讓寶寶吸，如果寶寶吸完過 1～2 小時就醒又想喝，媽咪如果此時沒事就會餵寶寶，如果有事會請嬰兒室瓶餵或是自己瓶餵，這樣她就能預估下一次寶寶大約想喝的時間。

E 媽咪白天起床後是採取頻繁親餵，不補奶，晚上的時候才會請嬰兒室瓶餵或自己餵。

F 媽咪偶爾才會擠一下奶，平常幾乎都親餵，寶寶吸得也很好，吸完媽咪也舒服了。寶寶持續增加體重，但也常常吸完就睡了，睡一下醒來就哭。其實寶寶只討抱，當媽媽抱著寶寶很快又入睡了。

G 媽咪非常想全親餵，一直很努力親餵，但是寶寶體重漲幅很緩慢，一般出生 2 週會回到出生體重，但是寶寶體重還沒回升，甚至有時還會掉一點或持平。經過溝通後，媽媽願意親餵完直接補半餐給寶寶，然後寶寶只要有想喝的徵兆，立刻再去親餵，後來寶寶體重就慢慢上來了。

這幾個例子，相信可以給媽咪一些參考。然而還是那句話，親餵實際喝到多少，會跟寶寶有沒有認真，是否正確含乳等產生差異，到底要補多少？也會依每個寶寶狀況而不同，有些根本不用補，有些補 10～30 ml 就好，也有些幾乎補快一餐呢！

不管如何要提醒媽咪的是，要觀察寶寶的體重及大小便，這很重要！

還有胃是有彈性的喔，所以大小餐很正常。另外，也還要再次提醒的是，寶寶哭，不只是因為肚子餓，哭的原因很多。

你可以逐一檢查：是否尿布濕了或大便了，或是否流汗太熱了，或是沒安全感想討抱，或是出現肚子餓的身體動作。家長們多跟寶寶相處，妳就會發現越來越清楚，寶寶會有一些習慣的語言與動作的訊息。

前面談了很多親餵，或是親餵加瓶餵的例子，然而有些媽咪是全瓶餵，也會常問我們，既然瓶餵了，那可以固定 4 小時餵一次嗎？一般寶寶如果是瓶餵，我們常會說 3～4 小時，並不會固定一定 4 小時喔，就像我們大人也有大小餐的時候，也有情緒不佳的時候，有時候吃多，有時候吃少，所以寶寶也會大小餐，也會煩躁，也會有很累的時候，只想先睡，況且母乳又很容易消化，中間又尿尿，大便，所以真的很快就餓了唷。曾有很可愛的媽咪說：「比如寶寶一餐是 90 ml，所以大餐是 90 ml，小餐是 80 ml，可是有時候 80 ml 也喝不完，喝好久耶。」

我回說：「嗯，大小餐是 60～100 ml 都有可能喔！」

媽咪想了一下說：「對耶，喝到 60 ml 就不太喝了，但往往下一餐就會提早喝，而且好餓的樣子，喝完 90 ml，還自己一直在找，後來又給了 10ml，真的就滿足了耶。原來有時候就少了那 10ml 啊！」

媽咪有問到，在產後護理之家會每天幫寶寶量體重，但是回家後，家裡沒有專門量寶寶的體重計，該怎麼辦呢？如果是這樣，會請媽咪觀察寶寶的大小便，一天通常會尿尿 6～8 次，每一次的尿尿約略會像一瓶到一瓶半的養樂多那麼重，大便比較不一定，如果小便顏色很深，味道很重、尿量很少，那麼就可能是喝奶不夠。另外，媽咪們可以搭配自己家的體重計量（最好是可以量到小數點第一或二位的體重計），媽媽先量，再抱著寶寶量，雖然會有一點落差，但這是不錯的方法。

❶ 固定時間測量：選一個差不多固定的時間測量，記得條件要一致！不要昨天有穿衣服，今天沒穿。

❷ 喝奶前後各量一次：有媽媽會感覺變化沒這麼清楚，而且很頻繁，感覺比較麻煩，這些都可以試試看喔！

CHAPTER 3

讓哺乳變簡單

本章重點

認識自己，準備自己，哺乳應該是件很輕鬆自在的事。很多媽媽在產前做了很多功課，產後也看了很多資料，但是常常無形中給自己太大的壓力；或是太拘泥於書上說要這樣，姿勢一定是這樣，寶寶一定要這樣含乳才能成功等。這些反而讓媽媽更緊張，在緊張之下想做好，反而好像更不如所願。不妨轉個心情，轉念一想，或許不要依循固定形式，輕鬆面對，讓哺乳變簡單。

1. 哺乳前的準備

12 個小秘訣

(1) 心理建設

哺乳前很重要的是先心理建設。調整心情，將擔心、焦慮及奶量先放一邊吧！當你開心，容易促進催產激素的順利反射，使寶寶更容易喝到奶，而且寶寶也會感受並感染到你的情緒。

(2) 舒適的環境

讓自己處於舒適的環境很重要，舒適、自在、安心的環境會讓我們放鬆，最好有能夠不受打擾的哺乳空間。

(3) 聽喜歡的音樂或唱歌

音樂有鎮靜、放鬆的作用，很多人可能聽過這個研究，比較聽音樂跟沒聽音樂的母牛，發現相較於沒聽音樂的母牛，聽音樂母牛的產乳量顯著增加；音樂不僅能緩解人的壓力，也能緩解動物的壓力，可見放鬆的重要性。

另一篇研究對象是 162 位的早產兒媽媽（平均孕期 32 週），鼓勵她們每天擠奶 8 次。將媽媽隨機分成四組：

第一組，一般正常的哺育支持，沒特別做其他事；

第二組，讓媽媽聽口語的引導放鬆；

第三組，接受與第二組同樣的引導放鬆，再加上舒緩的吉他搖籃曲；

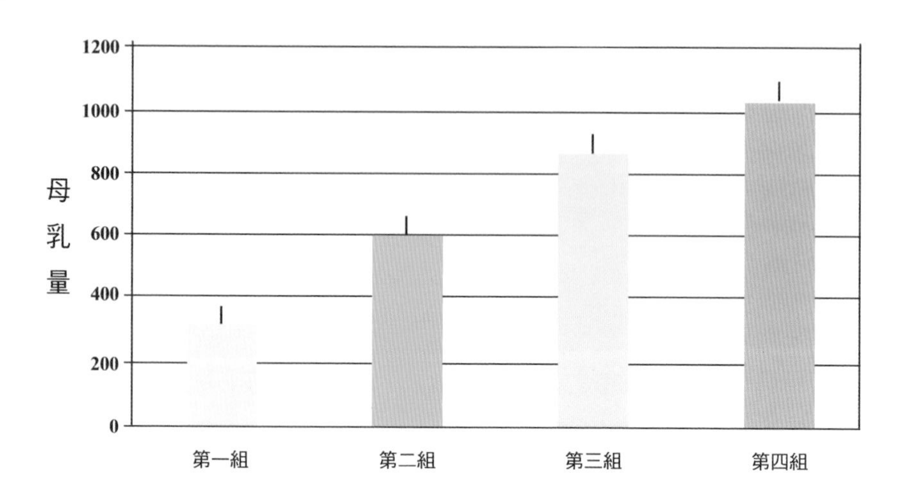

第四組，不僅有引導放鬆、吉他搖籃曲，還觀看了嬰兒的視頻。

研究結果顯示：第二、三、四組的媽媽們，產出的奶水不僅是多了一點點，而是增加 2～3 倍呢！雖然第四組的方式效果最好，但是竟然光聽口頭指導放鬆就有作用了！所以媽媽在學習各種自我放鬆技巧時，不妨可以先聽喜歡的音樂或是看喜歡的電視節目。

(4) 看著、想著寶寶

若是平常寶寶不在身邊的媽媽，可以拿著寶寶的照片、影片、錄音，或是寶寶衣服，也可以想像寶寶的模樣，不管是喝奶或是微笑的樣子，都會對乳量很有幫助。有研究顯示，就算是看著喜愛的寵物，也能降低血壓，增進催產激素的分泌。

(5) 喝杯溫熱的水

可以先喝 200～300 ml 的溫熱水，以放鬆肌肉，促進血液循環，舒緩不適，促進新陳代謝。

(6) 深呼吸放鬆法

深呼吸達到放鬆、促進血液循環與轉移注意力等好處。

(7) 肩頸熱敷

可以促進血液循環，放鬆肩頸肌肉。

(8) 刺激乳頭或輕輕按摩乳房

可以促進催產激素分泌，讓乳汁更容易流動，更容易擠出。

(9) 溫熱水淋浴

溫熱水可以放鬆緊繃的肌肉，降低壓力；也可以刺激大腦分泌催產激素。另外，淋浴時可以使用蓮蓬頭對著肩頸部位沖，更能讓肌肉放鬆舒適。

(10) 背部按摩

容易放鬆肌肉，減少壓力荷爾蒙，並且引發催產激素分泌。背部按摩在後面的內容會有圖解，老公或家人很容易就能上手。

(11) 輔助工具

可以拿市面上常見的按摩器，力道輕微就可以了。震動按摩有助於促進奶水順暢流出與流動。注意，力道勿太大，不是大力就好，跟按摩一樣，太大力容易使乳腺受傷。

(12) 舒緩及放鬆運動

空閒時多做一些肩部舒緩動作，放鬆緊繃的肌肉，降低壓力。後面的內容會有圖解，讓你可以輕鬆跟著做。

2. 讓你愛上哺乳的輕鬆姿勢

哺乳的姿勢可以很輕鬆，像是找一些支撐物，例如枕頭、哺乳枕或是大毛巾、靠墊等。如果姿勢不舒服，光是一天哺餵幾次就會感到肩頸痠痛、腰痠不適。在自己不舒服的情況下，如何能長久哺餵；另外，寶寶也會感受到媽媽不舒服，寶寶吸的時候可能也會覺得沒那麼順暢。所以媽媽在哺乳時，輕鬆、舒服非常重要。

常見的哺乳姿勢有好幾種，本章會全部列出；也有一些創意的哺乳姿勢，有些媽媽在學習之後分享，覺得原來哺乳還可以這樣輕鬆好玩。不論什麼姿勢，媽媽們要記得，以自己舒服為標準。

搖籃式

大多數的媽媽最快學會的就是搖籃式。

先把寶寶橫抱著，讓寶寶頭頸枕在你的手上，然後輕鬆先用前臂與手掌支撐著寶寶的身體；這時候媽媽常常反應，寶寶的手呢？寶寶的手我們一般希望打開，不會用包巾包著，所以可將寶寶的一隻手放在要吸吮的那側乳房外側，另一隻手放在你的胸前，且將寶寶的肚子貼著你的胸腹，讓寶寶呈一直線。

橄欖球式

• 可用哺乳枕支撐寶寶。

想像手臂夾著橄欖球，比如想以右側乳房哺餵，就用右手掌托著寶寶的頭頸部，右手臂支撐著寶寶的身體，也就是手臂會將寶寶夾在腋下，寶寶的腳會在媽媽的背後。要注意的是，寶寶腳下也要有支撐物，如果懸空，寶寶會很沒安全感，想一直動來動去。如果姿勢都準備完成，這時就可以讓寶寶慢慢靠近乳房。

修正橄欖球式

• 類似搖籃式，但是以右手支撐寶寶，左手可以用來托住或塑形乳房，讓寶寶更容易哺餵。

這個姿勢與搖籃式有點像，只是支撐不同。以右手掌托著寶寶的頭頸部，手肘及手臂支撐寶寶的身體，這時寶寶會橫過右邊胸部，也就是吸左側的乳房時，媽媽沒支撐寶寶的另一隻手可以適時托著乳房，或稍微加壓乳房或塑形，讓寶寶更容易、更快吸到奶水。這個姿勢可以很容易看到寶寶吸乳的情況。

躺餵

躺餵是媽媽很舒服及很方便的姿勢。

首先，媽媽舒服的側躺著，膝蓋可以微微彎曲，也可以在兩小腿間放一個小枕頭；背部也建議可以放支撐物，像是棉被或是枕頭，會更舒服。媽媽與寶寶面對面側躺，寶寶的身後可以放一個支撐物。當躺餵的一側餵完，想再餵對側時，媽媽可以直接將身體往前傾，讓寶寶吸另一側；或是墊高寶寶，這樣也很方便讓他直接吸吮對側，不需要翻身重來一次。當然，有些媽媽說剛好也想翻身，就讓寶寶一起翻身，吸另一側。

• 躺臥餵寶寶

• 墊高寶寶吸另一側乳房

生物哺育法

這是一個很自然、很舒服的哺乳姿勢。

媽媽能舒服放鬆斜躺，可以在沙發上或是床上執行。先將寶寶自然抱在懷裡，慢慢讓寶寶趴在你的胸腹部，一開始可以先做肌膚接觸，當寶寶出現尋乳動作的時候，再慢慢讓寶寶含乳。寶寶可以斜趴著，也可以直躺，可以用很多角度躺在媽媽的身上。媽媽不需要刻意按壓寶寶的頭或背，但可用手穩住寶寶的肩膀、身體及臀部；或是以手臂圍繞著寶寶，保護寶寶。

• 寶寶直躺在媽媽身上

• 寶寶斜躺在媽媽身上

哺餵雙胞胎的常見姿勢

雙胞胎常見採用橄欖球式。有些媽媽分享，如果雙胞胎寶寶還小，試過搖籃式；或是一個寶寶用搖籃式，另一個寶寶用橄欖球式；或是有點像搖籃式但又不完全是搖籃式的姿勢。只要媽媽舒服，寶寶有牢固地支托，上述的哺乳姿勢都是可以運用。

創意姿勢

坐在媽媽腿上

媽媽分享這個姿勢時表示，她的寶寶如果是哭了才餵，只要坐在媽媽腿上，支托好寶寶的頭頸，寶寶就願意吸。

頭部不同方向的躺餵

像是有些媽媽的乳房外上處有硬塊，就可以多試試這個方法。硬塊在哪個方向，寶寶下巴就朝向哪裡。比如媽媽的右乳房外側九點鐘方向有硬塊，那麼寶寶就會用右側橄欖球式的姿勢。所以，媽媽乳房的硬塊在哪邊，寶寶的下巴就會朝硬塊那邊，所以如果硬塊位置在右乳房的外側上方 1/4 處，寶寶就像上圖所示，看起來就像一般的躺餵的反方向了。這種姿勢大部分會需要家人在旁輔助，媽媽可能自己比較不容易喬成這姿勢呢！

媽媽撐在寶寶上方

媽媽有機會也可以試試這個姿勢喔！

這種哺乳的姿勢是寶寶仰躺，媽媽四肢著地，用手撐著上半身，或是用手肘撐著身體，然後將乳房從正上方送進寶寶的嘴裡。外國人比較常使用這種姿勢，很多媽媽覺得當乳房有硬塊或是不想一直擠壓乳房的時候，運用這個姿勢，讓乳房自然順著向下重力，往往寶寶一吸奶，就很容易暢通阻塞的乳腺管。

另一種不費力的類似姿勢是，媽媽坐在床上，一樣將寶寶平放在前面，媽媽身體向前傾，乳房以下垂的角度給寶寶吸奶，媽媽一樣可以用手肘撐著身體喔！也可以使用靠墊或是枕頭支撐自己，如果媽媽覺得怕手臂酸或沒力而壓到寶寶的話，就不要用這個姿勢了！當然不管甚麼姿勢，一定要是媽媽覺得餵奶輕鬆，寶寶也能舒適喝奶，這才是最重要的喔！媽媽們千萬不要勉強自己。

3. 哺乳最高境界——供需平衡

如果哺乳能夠達到供需平衡，那真的是太棒了。

親餵、瓶餵都能供需平衡

有一位全親餵的媽媽分享，說自己供需平衡，所以不用一直擠

奶，不用洗一堆奶瓶，寶寶想喝就給他喝，晚上也不用起來溫奶，直接抱起來餵就好了，真的是太棒了！另一位瓶餵的媽媽分享，她擠出來的量寶寶喝完就沒了，不需要用到凍奶。這兩種都是一種供需平衡，很棒呢！

親餵的時候，我們常說要依寶寶的需求給予，寶寶想吸就吸，還能無限暢飲。親餵的確很容易可以達到供需平衡。但是，瓶餵也可以達到供需平衡。

首先，想了解供需平衡，或是供過於求、供給不足，一定要先了解泌乳機轉。前面提到很重要的觀念，當脹奶的時候，乳汁製造速度就會變慢，甚至不製造了；當移出乳汁後，就會加快製造奶水。所以，姑且不論媽媽要親餵或瓶餵，移出乳汁非常重要。

母乳量的關鍵在於擠奶頻率

若是乳汁儲存量較少的媽媽，那就要更頻繁擠出奶水。我用杯子來比喻，將奶水的儲存容量視為杯子，就算使用小杯子，只要我們一次又一次裝水，它還是可以用來飲用大量的水。當喝完時，我們就趕緊再裝（補充）；若是杯子的水一直在裡面，那麼就無法繼續盛裝了。乳汁的補充也是同樣的道理，要大腦覺得身體有這樣的需求，所以頻繁的擠奶非常重要。

若是乳汁非常充沛，甚至是過多的媽媽，擠到乳房感覺舒服就可停下來，這樣大腦知道你的需求後會進行調整。若剛開始乳房充盈時，感覺有些不舒服，可以適時冷敷，減緩不適。這裡要提醒媽媽——若是奶水超級多的媽媽，不能一下子就突然只擠出一點點奶，這樣很容易造成乳腺阻塞。

有些媽媽只希望供需平衡就好，但是有些媽媽希望比寶寶需求的再多一點點，她們覺得這樣比較有安全感。若是如此，就可以拿捏擠奶的頻率。例如有些媽媽全親餵，表示沒有一點庫存，但又希望能再有多一點的奶可以儲備。如果是這種情形，媽媽可以在親餵完之後，再用手擠一些，藉著多移出乳汁讓大腦知道你很需要，一天下來，也會有一到兩餐的庫存。

4. 輕鬆無痛擠奶，瘀青奶 Out！

常常一打開媽媽的衣服時，看到瘀青的乳房，都會覺得好痛啊！

媽媽們常常覺得要很用力，才能將奶水擠出來，於是很用力擠；而且擠奶前的乳房按摩也好大力；另外，常常手指在乳房上不斷滑動，使肌膚不停摩擦，結果造成皮膚發紅，甚至破皮。

擠奶不應該會痛。常看到媽媽在擠奶前會先深呼吸一下，忍痛擠奶。這裡教導媽媽們如何輕鬆無痛擠奶，徒手擠奶是必學的技巧。在初期奶水還沒這麼快來的時候、寶寶不在身旁，或是親餵不順，以及出門在外等；或即便奶水來了，已經使用吸奶器的媽媽，當使用完吸奶器之後，同樣建議再花幾分鐘用手擠奶。

用手擠奶的重點

❶ 右手將儲乳瓶靠近右側乳房，放在乳頭下方。做完一輪換左側乳房。

❷ 左手將食指跟大拇指彎成常聽到的 C 字。

❸ 在將手彎成 C 字的時候，記得距離乳頭約 3 公分處。這個距離不以乳暈為準，因為每個人的乳暈大小差異性很大，所以建議用與乳頭的距離來估算。

❹ 先想像一下，食指跟大拇指的 C 字做對向、互相靠近的擠壓。

❺ 食指跟大拇指，輕輕向深部（胸壁方向）擠壓，然後放鬆，往後壓擠再放鬆，帶著節奏擠壓，就好像寶寶正在含乳。

❻ 除了往胸壁的方向擠壓外，也可以直接用手指面對面擠壓，再放鬆，再擠壓，再放鬆，同樣帶著節奏。有時需要 1～2 分鐘才會看到奶水滴出，就像寶寶一開始吸吮時的叫奶，淺而快，也需等待一下他才真的喝到奶水。

❼ 每個方向（米字形）都需要擠壓，可以左右手交替，這樣就可以順利且輕鬆的收集母乳囉！另外在擠奶的時候，有些媽媽會很用力擠出一滴，或是看到有一點點乳汁，想要擠久一點、壓久一點，讓乳汁滴下來，那樣的話會發現手很痠，且乳房可能會痛。擠奶的時候只要保持輕鬆規律的節奏就可以囉。

注意！按壓時，手指一直放在一開始的地方，並不會在乳房皮膚上滑動。另外，擠奶是左右輪流擠，例如左邊先擠了 5～7 分鐘，發現流速變慢了，那就換右邊擠；若是兩邊流速都變慢，可以稍微按摩一下乳房，再繼續擠，或是喝口水，深呼吸，休息幾分鐘再擠，你會發現又變順了。

擠奶步驟

1 食指與拇指：C 字

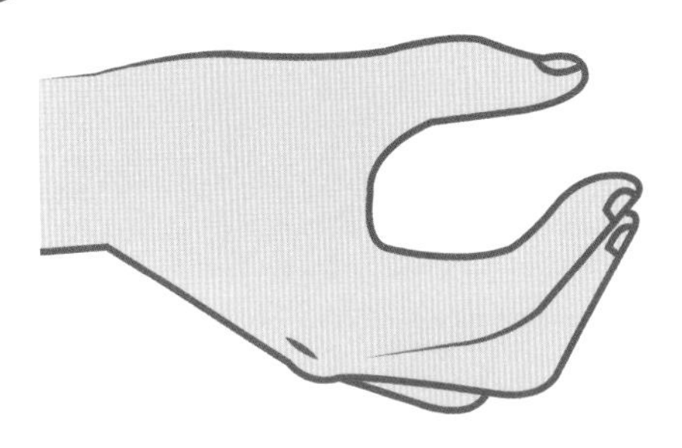

2 食指與乳頭與拇指成一直線，離乳頭約 3 公分。

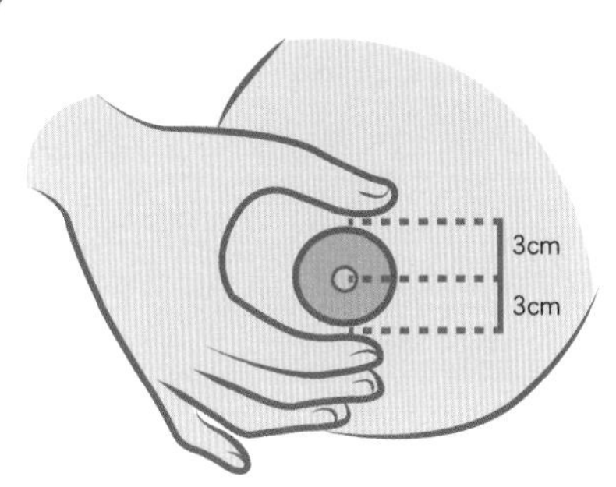

3 〔側面圖〕中指及無名指可以適度支托

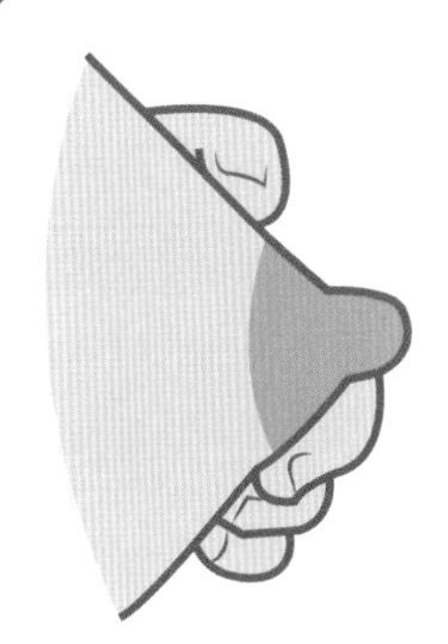

4 食指跟拇指 C 字，做對向互相靠近的擠壓動作。

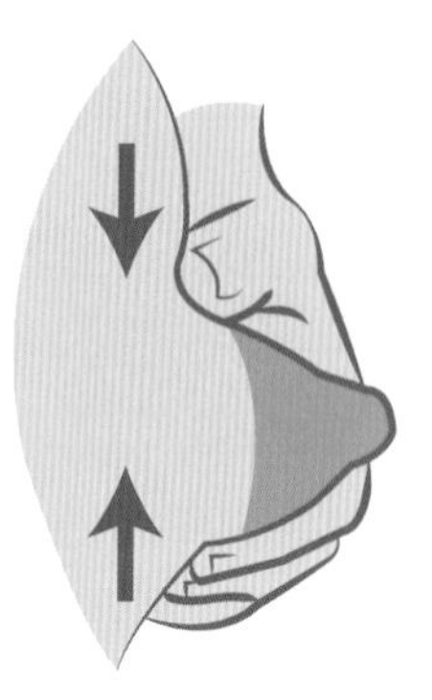

5 食指跟拇指 C 字，往胸壁的方向，再做對側擠壓。

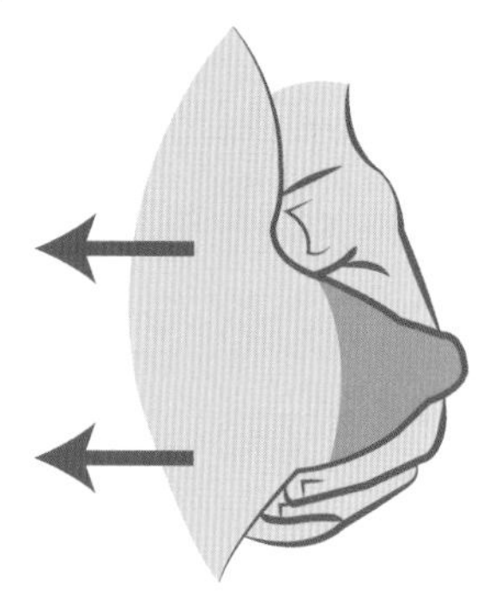

6 每個方向（米字形）都往胸壁方向按壓，再做對側擠壓。

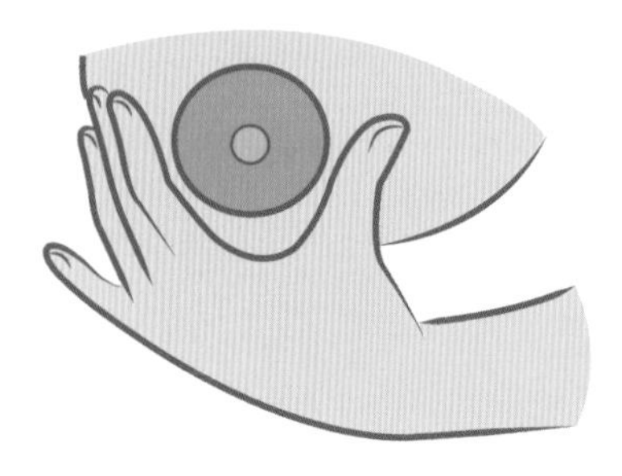

手指按壓，但不滑動。

7 每個方向（米字形）都往胸壁方向按壓，再做對側擠壓。

5. 必知的母乳保存原則

遇過媽媽說，她曾經擠完母奶後忘了放進冰箱，讓母乳在室溫下放了 3 小時多一點，當她想起時已經來不及了，她想到母乳保存的 333 原則，於是將這些母奶倒掉了。倒完之後，她難過地哭了，這些很努力擠的奶都白白浪費了。我聽到這件事情後，真的好心疼，為她的失落而不捨。

母乳保存提倡的 333 原則，簡單的記法是：室溫 3 小時、冷藏 3 天、冷凍 3 個月。事實上，333 原則是方便讓媽媽記住，然而保存上仍有一些彈性，依照當時的溫度及所在環境、存放的位置等，會有所差別。先來了解，母乳可以保存多久呢？根據衛生福利部國民健康署的資料顯示，供給足月嬰兒的母乳：

奶水（含冷凍）的儲存及解凍

奶水的儲存

奶水狀況/位置	溫度	保存時間	建議
新鮮 擠出來的奶水	室溫25°C以下	6~8小時	容器應該被覆蓋並盡可能保持涼爽。
	絕緣的冰桶冰寶 15°C~4°C	24小時	與奶水容器接觸盡量不要打開。
	冰箱 0°C~4°C	5~8天	不要放在冰箱門邊

冷凍奶水的儲存

奶水狀況/位置	溫度	簡單圖示	保存時間
冷凍奶 (放裡面) (不要放在門邊)	冰箱裡面的冷凍櫃 (例：單門冰箱)		2星期
	獨門的冷凍櫃 (一般家庭冰箱)		3~6個月
	單獨的冷凍櫃		6~12個月

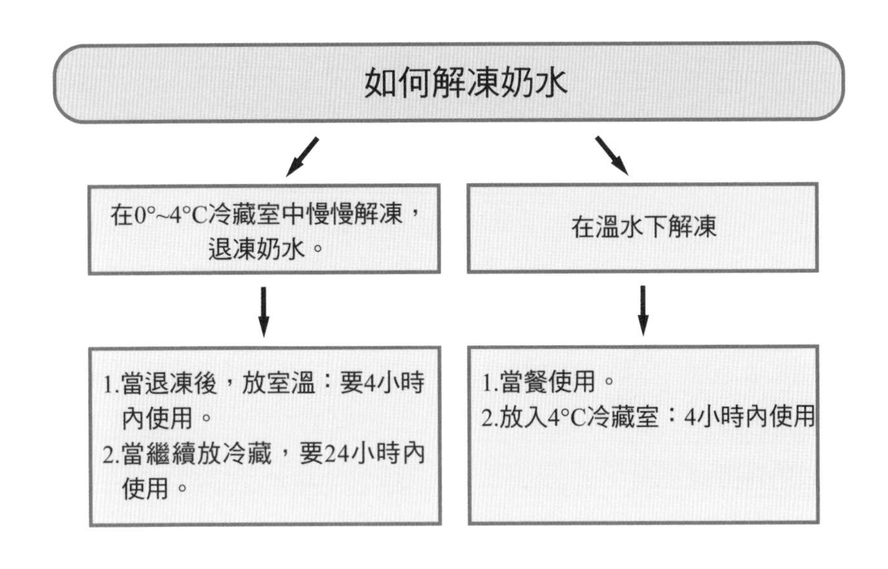

解凍奶後的奶水，不能再放進冷凍庫冷凍。如果寶寶沒有喝完，不能下一餐再喝。如果母乳冷藏快滿3天，可移至冷凍櫃拉長保存期限。

母乳存放——12 個小秘訣

❶ **冰箱解凍：**如果可以，解凍的時候建議放入 4℃的冰箱慢慢退冰。這種方式耗時比較久，所以可以晚上睡覺前放進冰箱，到早上就差不多退冰了。在解凍後，放到冰箱冷藏室內，必須在 24 小時內用完。

❷ **溫水解凍：**若是等不及慢慢解凍，寶寶一會兒就要喝，那麼可以將凍奶先放進一容器，例如鋼杯。杯內的水位勿高於母乳袋的開

口，將杯子置於流動的水下，將水慢慢轉為溫水，這樣很容易就退凍了。注意！水不能碰到母乳袋的封口。

❸ **溫水解凍的奶水 4 小時內或當餐需用完：**在溫水下解凍的奶水，若拿回冰箱儲存之後，在 4 小時內必須用完，或是當餐用完。另外也有媽媽會問到，如果在冷水下解凍的話，也只能放 4 小時嗎？原則上解凍過程中沒加熱到母乳，那麼解凍完放入冰箱（4℃）下儲存 24 小時內使用完。

❹ **適量解凍：**不要一下解凍太多奶水，否則喝不完倒掉就可惜了。

❺ **加熱時輕輕搖晃：**母奶經過冷凍之後會分層是正常的，加熱的時候，需輕輕搖晃，使脂肪混合均勻。

❻ **解凍後不可回凍：**解凍後的奶水，假如重新冷凍的話，根據研究發現，可能會導致母乳成分進一步分解，並喪失抗菌活性，所以退凍的母乳，不能再放回冷凍庫當中。

❼ **剩奶必須丟掉：**解凍加熱後，餵寶寶剩下的奶水，就要丟掉，不可以再冰回冷藏。

❽ **瓶餵溫度：**要給寶寶喝的時候，可以將冷藏的奶水放室溫下退冰；或是以 60℃以下的熱水回溫，溫度至接近人體體溫時，就可以讓寶寶喝。可用手腕內側測量溫度，以不燙為原則。

❾ **寶寶喝過的奶水：**寶寶喝過的奶水，最好在 1 小時之內飲用完畢，至多不超過 2 小時。

❿ **不可直接加熱：**千萬不能用微波爐或瓦斯爐直接加熱母奶，這樣不僅會破壞母奶中的抗體，而且容易使寶寶燙傷。

⓫ **混合奶水：**若是冰了數瓶的小瓶奶水，想與剛擠出的奶水倒在同

一瓶的話，一定要等到溫度相同時，才能倒在同一瓶；例如，將剛擠的奶水，先放入冰箱冷藏，一段時間後，待冰箱內的奶水溫度相同，就可以集中裝到同一瓶內；另外，只能倒入同一天的奶水，不要混合不同天的奶水。

⓬ **清楚標示：**在奶瓶或集乳袋外面，寫上擠奶的時間與日期，方便整理，也方便視情況冰成凍奶。

關於母乳的儲存有很多研究，解凍上大多建議在冰箱內過夜解凍，或在冷水下解凍；或強調若是用溫水解凍，只要使用與人體體溫差不多的溫水就可以了。一般認為瓶餵寶寶的母奶溫度，只需不冷不熱就可以了，如同親餵寶寶時，寶寶喝的就是溫奶；國外甚至有些寶寶更喜歡剛從冰箱拿出來的冷母奶呢！

緩慢解凍好處多

母乳餵養醫學會曾指出——放在冰箱中緩慢解凍的母乳，比起在溫水中解凍，流失較少脂肪；若是用溫水，將母乳放於隔水溫熱約 20 分鐘，直至接近體溫為止（最多 40℃）。一旦冷凍母奶回溫至室溫，那麼就會降低抑制細菌生長的能力。因此如果可以，優先選擇冷藏方式來解凍母乳。可以在睡前拿出預備要解凍的母奶，放入冰箱慢慢解凍；若是一會兒就要喝，可以先用冷水或溫水解凍。雖然我們說可以在 60℃以下的熱水回溫，但的確可能會降低母乳內的部分蛋白質活性與脂肪含量。

我的寶寶不愛喝解凍母乳，怎麼辦？

曾經有位媽媽問：「我的寶寶不喜歡喝解凍的母奶，怎麼辦呢？」冷凍母乳相較於新鮮母乳，可能在味道、氣味上有些不同。冷凍母乳的氣味可能來自脂肪酸的氧化，有人覺得是腥味，也有人覺得像肥皂味，也有人表示就是有一種不喜歡的味道。根據美國母乳餵養醫學會（ABM）的解釋，冷凍母乳在存放三個月後會明顯增加酸度，可能是由於持續的脂肪酶活性，增加母奶中的游離脂肪酸；然而這種脂肪分解過程具有抗菌作用，可以防止冷藏母奶中的微生物生長。有些寶寶喝解凍的母乳一樣喝得很開心，也的確有些寶寶就是不愛喝，會抗拒，如果不愛喝解凍母乳的寶寶怎麼辦呢？

冷凍至零下 80℃

母乳餵養醫學發現，如果將母乳冷凍至零下 80℃，與常規冷凍（零下 19℃）的母乳相比，母乳氣味的變化較小。但是一般家庭通常不會有可以冷凍至零下 80℃的冰箱設備，那怎麼辦呢？

擠出母乳先加熱

另一個方案是由母乳銀行提出，經由加熱來燙一下剛擠出的母乳。如果媽媽確定要凍奶的話，可以一擠完奶後，將擠出的奶水加熱，加熱至邊緣出現小氣泡，但是還沒沸騰的程度，讓脂肪酶失去活性；然後，快速冷卻母乳，再正常冷凍。這樣一來，就可以減少母乳的氣味。雖然加熱的高溫一定會破壞母乳中不少蛋白質，但母奶的營養仍是優於配方奶粉。

有媽媽問，那已經冷凍過的母乳，拿出後直接加熱也可以去除味道嗎？理論上不行，臨床上也有媽媽試過，結果覺得之後才加熱，母乳的味道似乎沒怎麼改變。

臨床小訣竅

目前解決退凍母乳的味道，可以試試上述的兩個方法。如果還是覺得好麻煩，想知道有沒有更便捷的方法呢？

這裡介紹臨床上可能會使用的小訣竅：

❶ 若是寶寶很不愛喝解凍母乳，在他餓的時候，先給予一些解凍的奶水。因為這時候寶寶很餓，所以通常會先喝個 30～40 ml；直到他漸漸發現，這不好喝，有一種味道，寶寶可能就會開始抗拒了。所以一開始給寶寶喝的解凍奶不要裝太多。

❷ 少量多餐：解凍母乳時不要一次退冰太多，試著以少量多餐的原則進行。

一般來說，大部分的寶寶都很願意喝母乳，即使是解凍母乳，也喝得很開心呢，所以不需要太擔心。

6. 我吃到退奶食物了，怎麼辦？

有一次，有位媽媽很緊張、很焦急地想找我，我心想怎麼了？我看到媽媽的時候，她都快哭了，她說自己剛剛出去外面吃了點東西，後來朋友說那個食物會退奶，她該怎麼辦？

如果有一種食物，吃了一次就會立刻退奶的話，那麼有些想退奶的媽媽也不需要先打退奶針，或是一直吃幫助退奶的麥芽水了。實際上，常常碰到的情況是，想退奶的媽媽就算一生完立刻打退奶針，都還未必能抑制泌乳激素。

掌握觀念，放鬆心情

首先，讓我們回想本書一開始介紹的母乳產生過程。先藉由泌乳激素的作用，使泌乳細胞製造奶水，再來還需要催產激素的幫忙，將奶水順利運送出來。不論媽媽是否想餵奶，在乳汁生成的第二個階段，自胎盤移出後的 30～40 小時，泌乳激素就會上升。若是媽媽想退奶，打了退奶針或是一直喝麥芽水，都還要好一段時間才會發生效用，並且需搭配冷敷，冷敷再冷敷。因此，如果只是偶爾吃到一些具退奶效果的食物，沒有關係，通常不會一下子就退奶。

有時因為吃到退奶食物，使媽媽的心情受到影響，而使奶量稍微下降，仍然可以很快追回來。再次強調兩個觀念——首先，想讓奶水充沛，最重要的就是多吸、多刺激，無論是親餵或是規律擠奶都可以維持奶量；第二，奶量多，也要可以順利輸送出來，所以讓奶水暢通的關鍵就是——心理層面及催產激素的影響。把握上述這兩個要點，媽媽不用擔心一吃到退奶食物就會馬上退奶。

在〈CHAPTER 7〉針對發奶與退奶食物會有更詳細的討論。

媽媽不用擔心吃到退奶食物會馬上退奶！
只要規律親餵或擠奶即可。

7. 揮別媽媽手

常常有媽媽表示，一直擠奶、抱寶寶、餵奶、換尿布、洗屁屁，覺得自己的大拇指及腕關節有點痛，怎麼辦？

簡易自我檢測

首先，可以做一個小小的測試——先將手臂向前平行伸直，用四根手指頭將大拇指包（握）住，然後將手向下方（地板方向）輕壓，若是大拇指及腕關節感到緊緊卡卡的有點痛，可能媽媽手已經找上你了。

認識媽媽手

什麼是媽媽手？很多媽媽有聽過，但不是很清楚，到底媽媽手是什麼呢？

媽媽手又稱狄魁文氏症候群（De quervain's syndrome），正式名稱為「狹窄性肌腱滑膜炎」，光聽名字就覺得好複雜啊！它會造成手腕和大拇指疼痛。

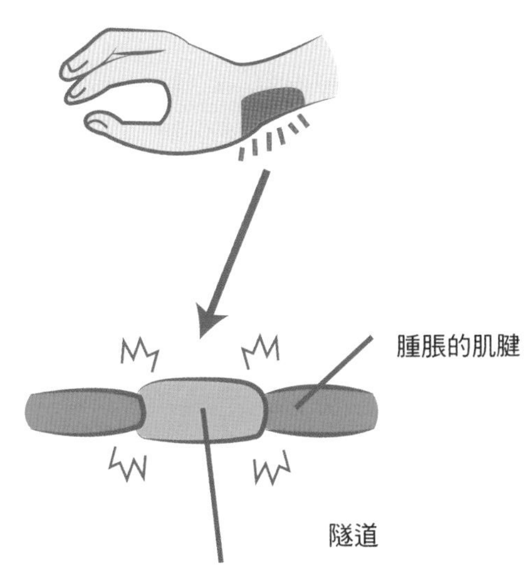

• 當肌腱腫脹，容易使手腕疼痛。

首先，先想像一下，手腕和大拇指下方有兩條肌腱，這兩條肌腱會穿過一個小隧道，這個隧道可以容納這兩條肌腱通過，且只剩一點點點的空間。平常它們很容易通過隧道，但是因為每天重複一直通過，使兩條肌腱不斷摩擦，也可能刺激、摩擦到周圍的隧道壁；但它們仍沒有停下來，肌腱漸漸變得更厚。

變厚的結果使得原本剛剛好通過的隧道，在通過時變得更加困難，也使得摩擦更大。惡性循環之下，手腕處更緊、更不好通過，慢慢演變成發炎與腫脹，造成手腕疼痛。

休息

在疼痛的急性期時，讓手適當休息是很重要的；急性期還可以冰敷來減緩不適。說到休息，媽媽都會說，怎麼可能休息，因為每天需要擠奶 6～8 次，還必須幫寶寶換尿布或是餵奶等，似乎不可能都不做只休息，此時就須藉由以下的方法——調整姿勢。

調整習慣姿勢

我們已經知道造成媽媽手的原因就是重複的動作，所以需要調整平常的習慣。例如瓶餵寶寶，注意拿奶瓶的姿勢，不要過度彎折手腕；抱寶寶時，留意手部的支托；無論哪種動作，不要只使用虎口與大拇指的力量；擠奶的時候，也要雙手輪流，並變換不同的姿勢；一開始擠奶時可以先用吸奶器，最後再用手擠一下。

消除媽媽手的 7 種舒緩運動

另外，透過適當的運動可以修復組織，以及做肌力訓練來預防及避免再度發生媽媽手。

在急性期時，著重於大拇指肌肉的放鬆與維持肌肉活動度。運動（動作）包括大拇指的伸展及伸直、手腕及手指的拉筋放鬆、大拇指側邊伸展。上述運動一般約持續做 4 週；或是做這些動作都不會覺得不舒服時，就可以進行下一步的肌力訓練。有一個很重要的觀念——過程中一旦感到疼痛，就要立即停止並休息。

做運動的時候，不要做到會痛的程度，應該感覺肌肉緊緊的即可。若媽媽手症狀在適度休息後還是沒有改善，且疼痛加劇，又伴隨有腫脹的現象，建議應立即先尋求醫師協助喔！

1. 放鬆大拇指肌肉

頻率：一天 3 次，一次 10 下，一下停留約 10 秒鐘。

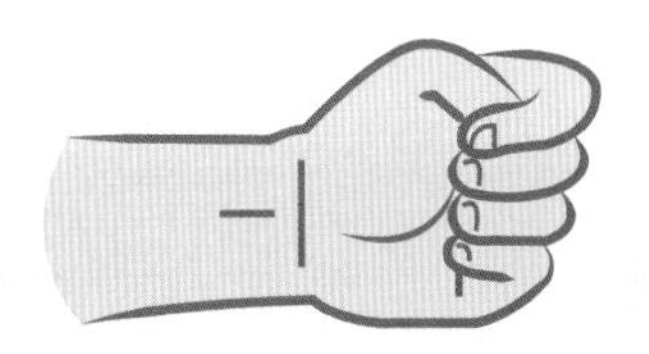

手向前伸直，大拇指朝上。將大拇指彎曲，讓其他四指包住大拇指並握拳。

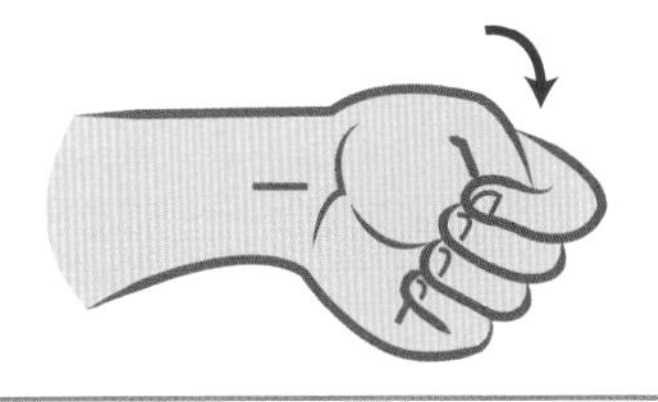

手慢慢往下壓，過程中應該只有緊緊的感覺，若疼痛再往上稍微調整一下，不應該感到疼痛。

2. 伸展大拇指

頻率：一天 3 次，一次 10 下，一下停留約 10 秒鐘。

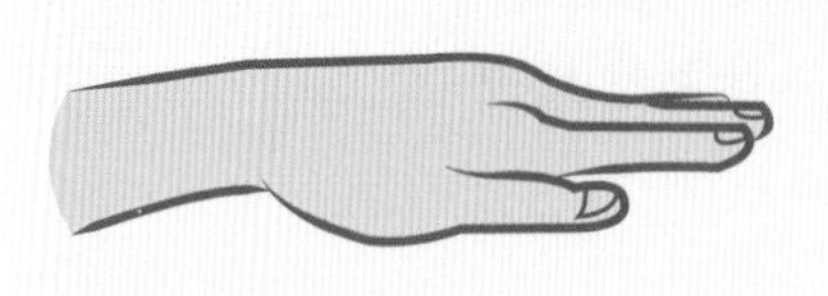

手向前伸直，手掌朝下跟地板平行，在將大拇指放在食指下方。

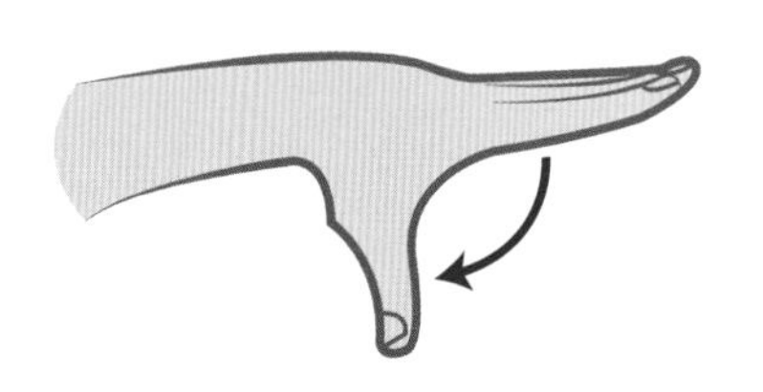

大拇指往下（地板方向）慢慢打開、遠離食指，最後會跟食指呈 90 度。再讓大拇指慢慢地回到原來的位置。

3. 伸直大拇指

頻率：一天 3 次，一次 10 下，一下停留約 10 秒鐘。

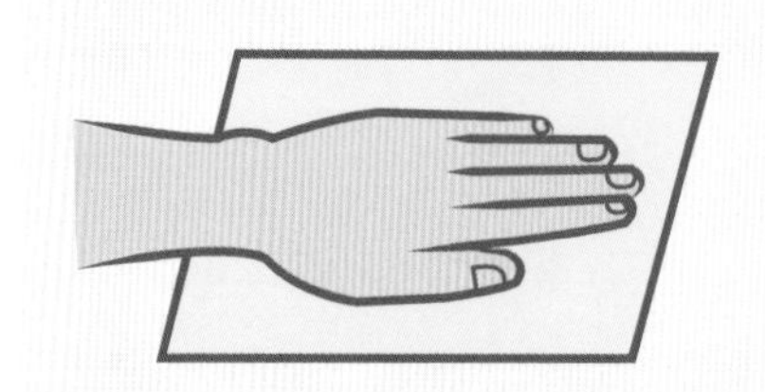

將手平放在一個平面上（桌上），讓大拇指與其他四指併攏。

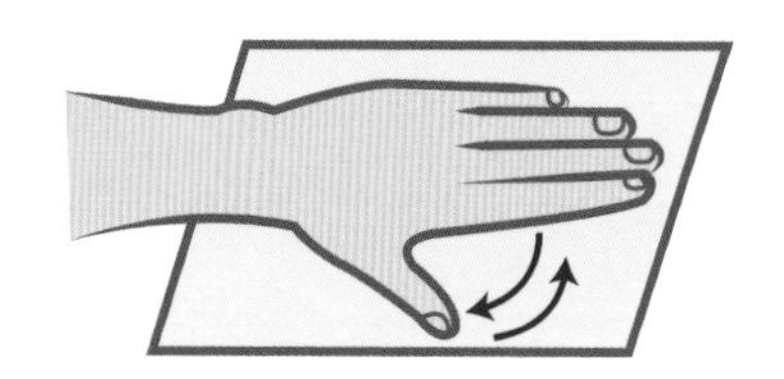

大拇指再慢慢地遠離食指，打開至最大幅度。然後再慢慢把大拇指與其他四指併攏。

4. 拉筋放鬆手腕及手指

頻率：一天 3 次，一次 10 下，一下停留約 10 秒鐘。

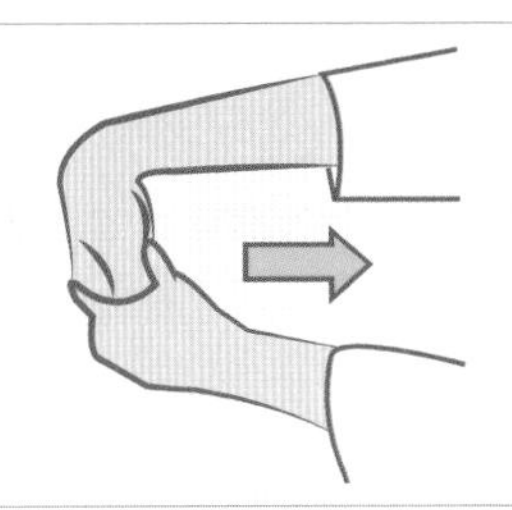

把手向前伸直，手肘也要伸直，手掌朝地下。另一隻手抓住患側手指，然後往身體的方向壓，讓手掌面向自己。會感覺到前臂的上方側有緊緊的感覺，不要拉到有疼痛感；然後再慢慢回復到原位。

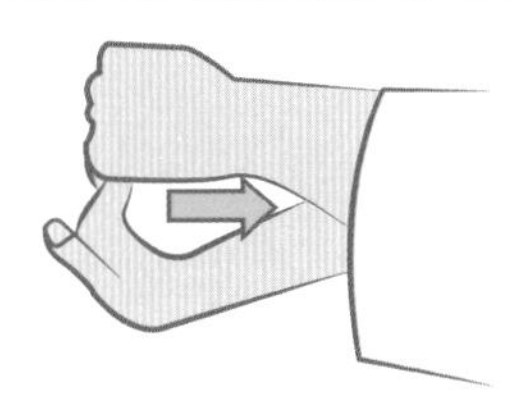

把手向前伸直，放在身體的前方，手肘伸直，手掌朝天花板。另一隻手抓住患側手指，然後往身體的方向壓。會感覺到前臂的內側會有緊緊的感覺，不要拉到有疼痛感；然後再慢慢回復到原位。

5. 伸展大拇指側邊

頻率：一天 3 次，一次 10 下，一下停留約 5-10 秒鐘。

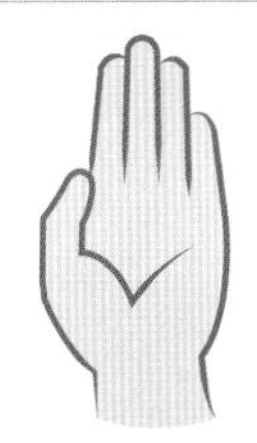

放鬆手指手掌，面向自己。

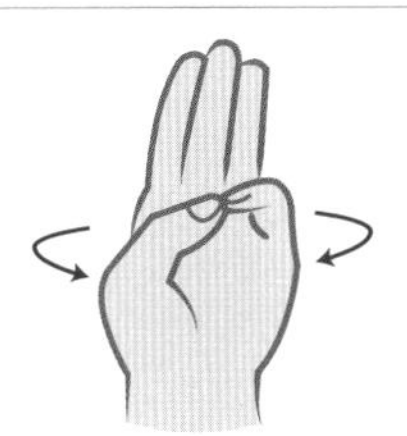

以大拇指的指尖去碰小指的指尖，做出比「3」的姿勢，反覆放鬆及出力。然後再慢慢回復到原位。

6. 肌力訓練——橡皮筋

頻率：一天 3 次，一次 10 下，一下停留約 10 秒鐘。

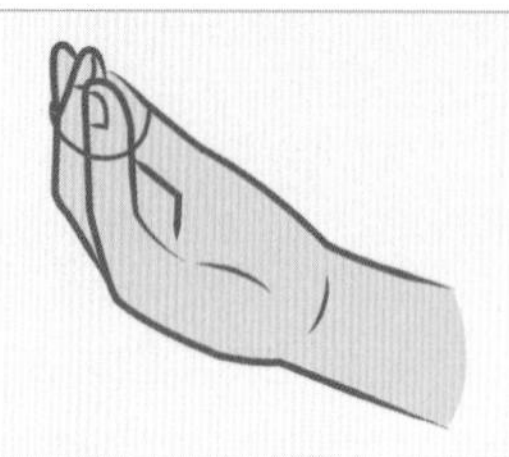

將橡皮筋套在大拇指和其他手指上。一開始可以一條橡皮筋，慢慢地再增加到 2、3 條，透過增加阻力來訓練肌力。

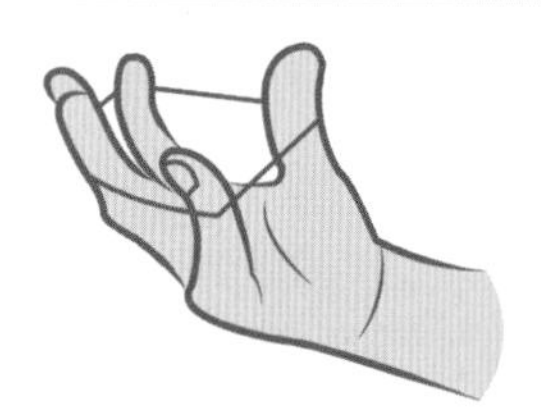

慢慢地張開所有手指，向外打開拉開橡皮圈，可以感受到橡皮圈的張力，也會感受到肌肉收縮的拉力。另外，盡可能張大最大，讓大拇指和食指呈現直角，再慢慢回到原位。

7. 肌力訓練——彈力球

頻率：一天 3 次，一次 10 下，一下停留約 5-10 秒鐘。

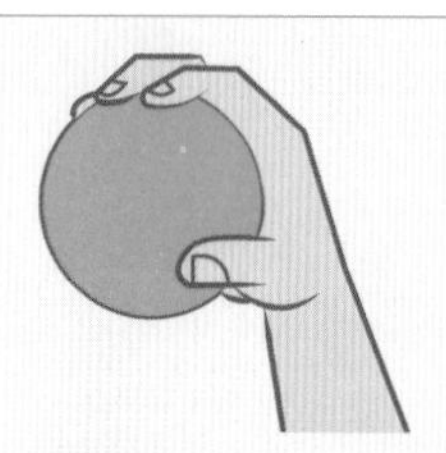

手拿彈力球，把手裡的彈力球抓緊，抓到凹陷，會感覺到手指頭有在用力；然後再慢慢回復到原位。

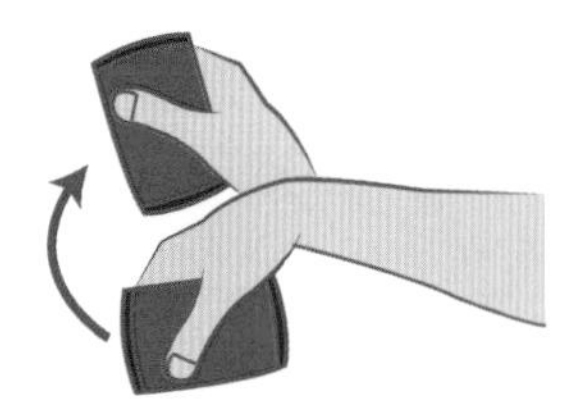

手向前伸直，拿一罐飲料，向下的時候，手碗及手背及前臂前端會有一點拉力，再往上，也會感受到肌肉的拉力，再慢慢回到原位。

CHAPTER 4

我的乳房怎麼了？

本章重點

產後媽媽會經歷很多過程，像是脹奶、乳房腫脹、石頭奶，或是乳頭受傷等，都會讓媽媽們非常疼痛難受，真的覺得乳房不像是乳房了；然而這些疼痛多數爸爸們都無法體會，常常還會表現出「真的這麼痛嗎？」的疑惑。在本章中，提到媽媽們可能面臨到的各種乳房問題；並盡量形容多數媽媽經歷的疼痛，希望讓爸爸也更能同理與了解媽媽的辛苦；以及造成這些疼痛的原因為何，該如何緩解；也會有詳細圖解「疏通乳腺的無痛按摩」，可以一看就懂，並實際應用，減緩媽媽乳房的不適。

1. 比生孩子還痛的脹奶

脹奶是一種自然狀態，另一種說法是「乳房充盈」。在產後的第3～8天，大部分的媽媽會覺得好像乳房就突然脹起來了，熱熱的，開始變硬，乳房變大變重，脹得好痛，又痛又難過，怎麼這麼痛啊！還有媽媽將漲奶形容成比生孩子還痛。

曾經有位媽媽脹奶痛，可是爸爸無法感受那樣的疼痛，突然她說了一句：「像你膽結石的三倍痛吧！」爸爸聽完的當下說：「天啊！我了解了。」

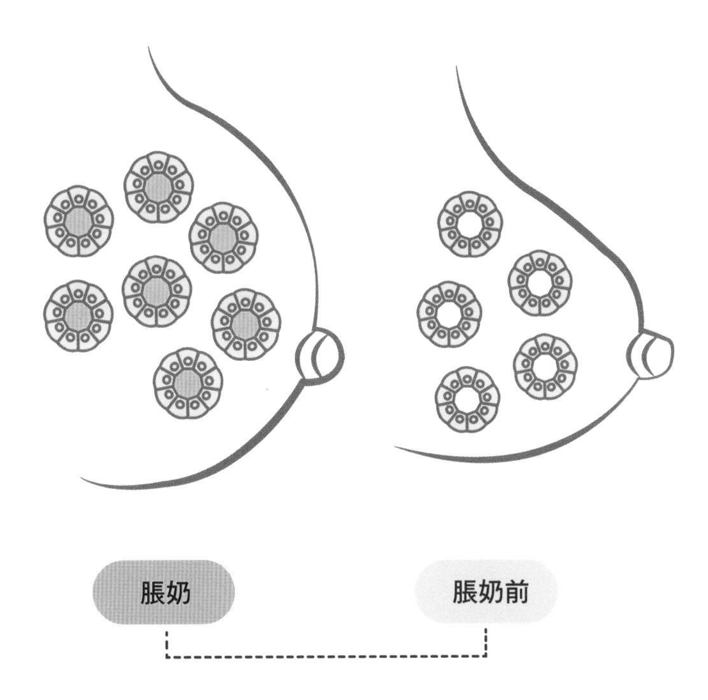

脹奶：奶水＋血流＋淋巴液充盈

前面曾說明乳汁生成的過程當中，第二期，也就是產後第 3～8 天，此時會由泌乳激素控制，泌乳激素濃度升高、當老大，呼喊許多泌乳細胞趕緊製造奶水，所以奶水在此階段會開始多了起來；不僅如此，還會有大量血液流入乳房，使組織腫脹，於是媽媽覺得乳房脹脹的、很飽滿、有沉重感，並且開始感到疼痛不適。有些媽媽對疼痛的閾值很高，覺得這樣的疼痛還可以接受，只是不舒服；而大部分的媽媽此時才恍然大悟——原來這麼痛就是脹奶痛，動一下就痛；甚至有些媽媽覺得比生孩子還痛呢！

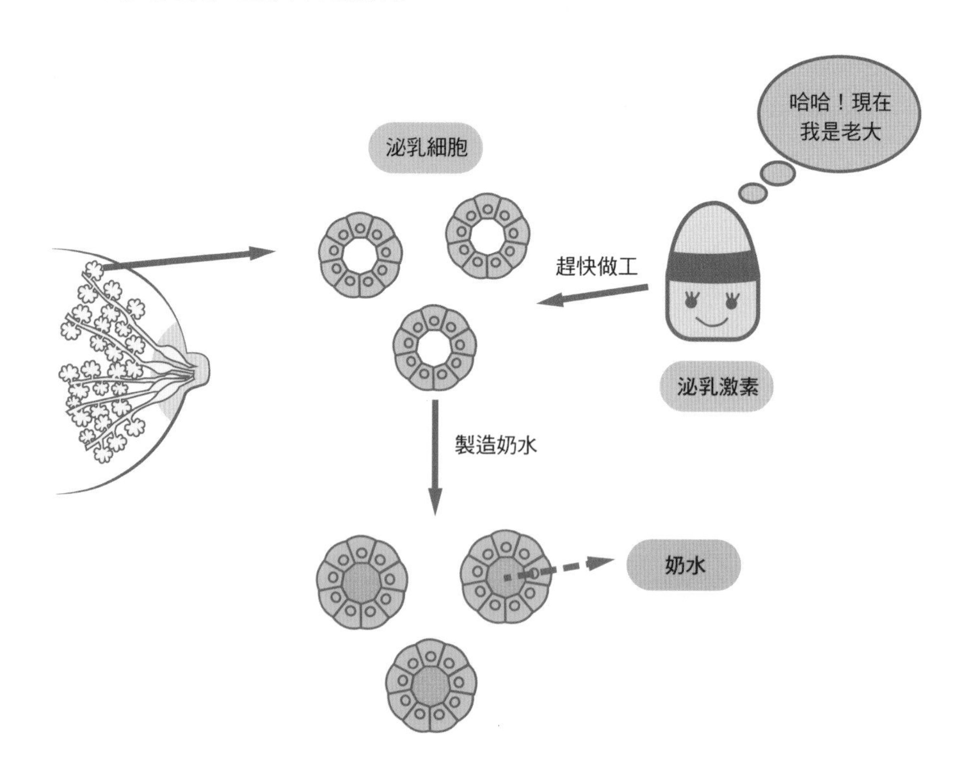

偶爾也遇過有些媽媽覺得沒有特別脹奶的情形，但是乳汁的確多起來了。脹奶不等於奶水，因為漲奶有一部分的原因是血流及淋巴液充盈的關係，所以就算沒有脹奶的感覺，還是可能有充足的奶水。

減輕漲奶痛的方法

一般在漲奶階段，如果能持續有效親餵或是擠奶排出乳汁，順暢移出乳汁，經過一段時間後，會減少脹奶的疼痛感很多。排出乳汁後的 2～3 小時還是會覺得脹脹的，但不會那樣疼痛不適，且擠出乳汁後的乳房也變得柔軟。這個階段千萬不能熱敷，順利移出乳汁非常重要。若擠奶後還是覺得不舒服，可以用冷敷來減緩不適。

若在產後護理之家的媽媽會發現，這個階段還不會提供發奶茶，等過了一段時間，評估乳房狀況之後，才會開始給予喔。

在脹奶的期間，除了奶水多起來，乳汁還是流暢的，媽媽也不會發燒。但如果沒有經常哺乳、擠奶，或者寶寶未能正確含乳，媽媽也沒有擠出乳汁，則會使乳汁鬱積，奶水又持續製造的情況下，造成乳房腫脹，即俗稱的「石頭奶」，甚至乳管阻塞，以及更嚴重的乳腺炎。

脹奶了，妳可以怎麼做呢？

- 盡可能讓寶寶多吸吮，沒時間限制，親餵可以無限暢飲喔。
- 這時候乳房脹起來，很多媽媽會發現，寶寶會沒這麼好含乳，可以先擠出一些，讓乳暈比較軟一些，寶寶會比較好含乳。
- 如果親餵的時候，媽媽的噴乳反射太強，或是乳汁一下子流出太多，寶寶來不及吞，可能會拉扯乳頭，或是頭會一直往後拉，這樣的話也可以先擠出一些，讓反射沒這麼強或是流量沒這麼多，寶寶就比較不會拉扯。

- 親餵的時候如果寶寶睡著了，可以輕輕按摩乳房或按壓乳房，讓流速變快，你會發現寶寶的嘴又會動起來了。
- 如果寶寶睡著了，可以看看是不是房間溫度太高了或是包巾太厚、衣服穿太多了。可以打開包巾，動動寶寶的耳朵或是小腳，或是換一下尿布，通常也會幫助很大。
- 如果寶寶不正確含乳，只移出部分的乳汁，媽媽需要再擠出來。
- 擠完奶或是有效親餵完，覺得乳房還是不舒服，可以冷敷乳房 15～20 分鐘，記得避開乳頭及乳暈。
- 若無法親餵的媽媽，要規律 3～4 小時移出乳汁。
- 擠奶前可以溫柔按摩乳房。

2. 連呼吸都痛的石頭奶

在脹奶期間，如果沒有經常哺乳、擠奶或者寶寶未能正確含乳，媽媽也沒有擠出乳汁，則會造成乳汁鬱積，加上奶水持續製造，於是很容易造成乳房腫脹（石頭奶）。

回想我自己的哺乳經驗，我曾經也是石頭奶媽媽。當時乳房痛到我覺得連呼吸或是輕輕動一下，就超痛的。每次擠奶都好痛苦，這種痛，到現在我還記憶猶新，痛過真的清楚是什麼樣的感覺。每次碰到媽媽變成石頭奶的情況時，我都非常能體會，有些媽媽會痛到流眼淚，我真的懂。

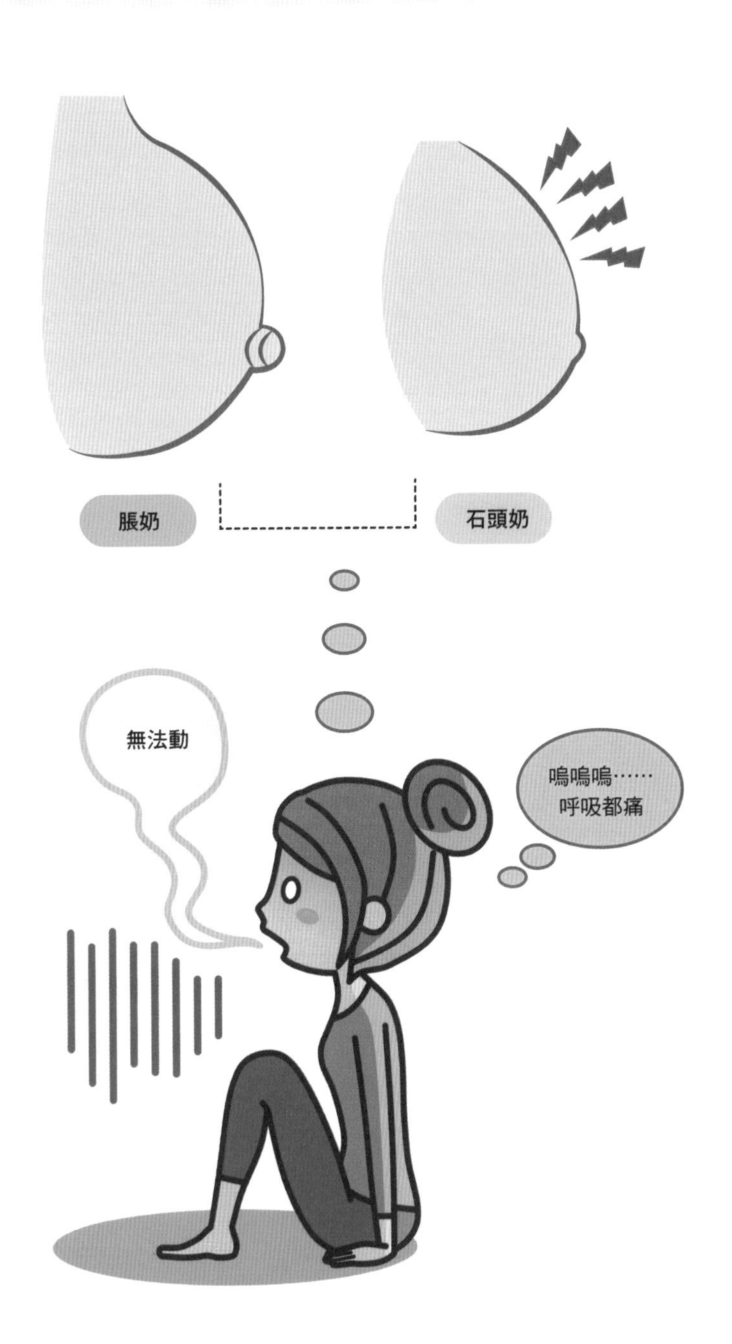
脹奶
石頭奶
無法動
嗚嗚嗚……
呼吸都痛

造成石頭奶常見的原因

- 奶水很多。
- 太晚開始哺餵母乳。
- 寶寶含乳方式不對，沒有正確吸出奶水。
- 沒有經常移出乳汁。
- 限制寶寶喝奶的時間。

乳房腫脹的現象

乳房腫脹，另一種說法是乳房過度充盈或是石頭奶。乳房會很脹痛、皮膚發亮、感覺很緊繃、乳頭水腫、乳頭比較平、擠出乳汁不順暢。根據研究，乳房過度充盈跟乳房水腫都會導致乳房組織腫脹。聽起來有一點複雜，也就是乳房組織過量充滿奶水、血液和其他液體，這些會導致媽媽的乳房非常飽滿，變得很堅硬跟疼痛，而繃到乳頭也會變得比較扁平和緊繃了。

連鎖反應造成奶水淤滯

更進一步解釋，如同前面的說明，在第二階段時乳汁來了，奶水一直製造，接著使乳腺泡膨脹，膨脹造成周圍的管路（乳腺管）受到擠壓，擠壓的結果會影響乳汁的順暢流動。如果上述的情形沒有緩解，惡性循環之下，媽媽又沒移出乳汁，使膨脹受壓更大，乳汁流動變慢，流動愈來愈不順暢，造成乳汁淤滯，長此以往，就可能產生血管和淋巴淤滯，乳房組織就更腫脹不舒服。

水腫使乳頭變平

另外，根據研究，如果媽媽有妊娠高血壓，或是生產期間大量注射液體，會促使乳房組織液積聚增加，結果可能造成水腫，而乳頭及乳暈組織必須跟著擴張以適應水腫，組織水腫又壓迫與影響乳腺管，因此流出奶水也變得不順暢。我們很常發現，如果媽媽乳頭、乳暈周圍水腫，皮膚緊繃，乳頭也會變得比較平，容易造成寶寶不好含乳。

緩解乳房腫脹

從以上說明，我們知道造成乳房腫脹的原因，一部分是奶水淤滯，另一部分是組織液積聚增加造成的水腫。常常看到媽媽誤以為乳房腫脹時，應該使用熱敷，結果造成血管擴張，水分被搶到組織間液中，而使組織更加腫脹。原本的腫脹都已經讓乳汁流出不順暢了，那麼更腫脹、更壓迫，不是更難流出乳汁嗎？想像一下，高速公路原本有三條車道，其中一或二條有一些狀況，無法通行，此時每輛車都拼命往唯一通暢的那條車道擠，像是形成一個漏斗般，大家也不好好排隊，拼命往前衝，這樣交通是不是更塞、更堵呢？這個比喻或許不是最好，但應該比較有畫面感，比較能夠想像。

冷敷才能消腫

所以當媽媽出現石頭奶的情況時，應該使用冷敷。因為冷敷可以減少流向乳房組織的血液而緩解腫脹。另外，剛剛提到當乳房腫脹的時候，會使奶水淤滯，所以移出奶水就非常重要。像是讓寶寶多吸，頻繁吸吮，想吃奶就吃；若是寶寶不吸，媽媽也一定要自己擠出奶水，這點非常重要。

用毛巾或凝膠冷敷乳房

使用毛巾

❶ 毛巾用冷水沖濕、微擰乾。將毛巾捲成一甜甜圈狀。

❷ 直接敷在乳房上（避開乳頭和乳暈）

❸ 如果冷水不夠涼，可冷藏幾分鐘。

❹ 冷敷一次約 15～20 分鐘，若還不舒服再敷一次。

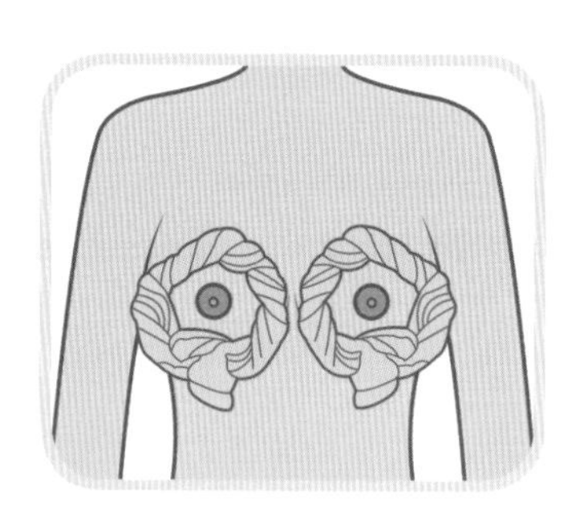

使用冷凝膠

❶ 至藥局或美妝店購買小片冷凝膠。

❷ 將冷凝膠放入冰箱冷藏至微冰涼。

❸ 若太冰可以外層包一層薄毛巾。

用高麗菜冷敷乳房

使用高麗菜

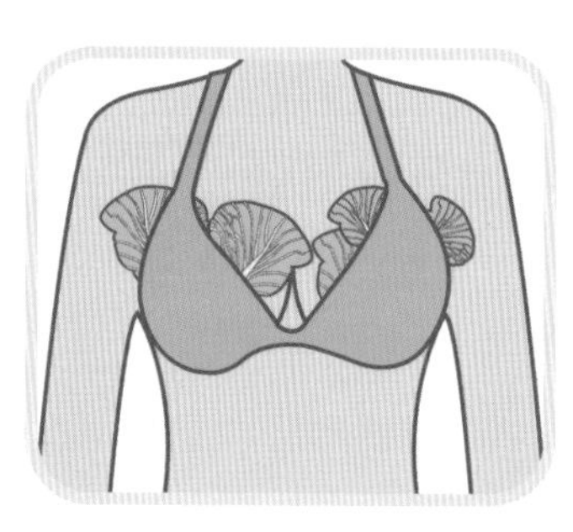

❶ 先將高麗菜葉清洗乾淨。

❷ 放入冰箱冷藏至微冰涼。

❸ 直接將一大片葉子敷在乳房上（可以穿內衣固定），或稍微搗碎一下再放入內衣。

❹ 冷敷約 15-20 分鐘，若還不舒服再敷一次。

相信很多人都很好奇，使用高麗菜來冷敷，真的有效嗎？為什麼有效呢？但也有人會跳出來說，不是有些文獻說無效嗎？怎麼會這樣呢？根據衛福部國民健康署的孕產婦關懷中心資料，當中提到——使用生的綠色高麗菜（先冰過或放在室溫都可以）敷在乳房上，可減輕乳房腫脹。

高麗菜的作用，有一說是因為高麗菜內含酵素的關係，所以效果很好；加上高麗菜葉摘下來的形狀，一片凹凹的，正好很服貼乳房；也或是根據國際認證泌乳顧問（IBCLC）琳達（Linda M. Paulson）所提，高麗菜葉會吸收乳房區腺體的一些液體，因而減少組織的腫脹。

高麗菜葉的冷敷效果

根據 2016 年發表於國際期刊 *Cochrane Database of Systematic Reviews* 的一項研究（Mangesi & Zakarija-Grkovic, 2016），比較使用冷高麗菜葉或室溫高麗菜葉來緩解哺乳媽媽的乳房腫脹，結果並無顯著差異；而研究結論也提及，未找到足以證明高麗菜葉效果的證據，還需更多研究。2017 年發表於國際護理期刊 *International Journal of Nursing Studies* 的研究（Wong et al., 2017），比較使用高麗菜葉和冷凝膠包對減輕乳房充血腫脹的疼痛和硬度，結果發現高麗菜葉的效果比冷凝膠包更好，非常推薦哺乳媽媽們使用。

其他許多關於高麗菜葉對舒緩乳房充盈不適的文獻，有些指出未有更多的有效證據；而有些研究則認為具有效果。在我們的臨床經驗上，很多媽媽們反應冷敷乳房的時候，涼涼的很舒服，而且大部分媽媽都會覺得舒適及舒緩很多，的確可以減輕腫脹所帶來的疼痛；也有

• 也可靠著寶寶多吸奶，疏通石頭奶。

些住產後中心的媽媽，表示喜歡使用冷凝膠或是直接用毛巾沾冷水來冷敷，認為效果很棒，因為也不方便去買高麗菜來使用。

國際哺乳資訊與實證權威——紐曼醫師（Dr. Jack Newman）也曾論及高麗菜葉的功效。他表示雖然未見科學證據，但很多媽媽們都對說他可以相當舒緩乳房腫脹。紐曼醫師也提到，若是摘下的高麗菜葉不適合你的乳房形狀，那麼可以用桿麵棍將之壓碎來使用。

不論是哪一種冷敷，都是緩解石頭奶的極佳方式，媽媽們可以依自己喜歡或是方便來選擇。

石頭奶處理及預防

- 頻繁正確的含乳，不限次數及時間。
- 若是寶寶不吸也一定要移出奶水，規律 3～4 小時擠奶。
- 擠奶前可以溫柔按摩乳房。（可參考 P.130-135）
- 背部按摩，增加催產素反射。
- 冷敷減輕乳房腫脹不適。
- 乳房腫脹的時候，常常乳暈也會水腫，讓寶寶不容易含奶，我們可以用「反向施壓」的技巧來解決，用單手五指指頭在乳暈周圍處按壓 50 秒。（可參考 P.192）
- 反向施壓是一種溫和的按壓乳暈，可以軟化乳頭周圍 1-2 英吋的區域，可以將乳頭乳暈當中過多的體液推出去，也就是暫時將原本多餘的組織間液向淋巴引流方向流動，並且將乳汁稍微往後推入比較深的導管，這樣可以緩解乳暈下導管的過度擴張，讓奶水比較容易出來，寶寶更容易吸到乳汁，此外還會增加乳暈的彈性 ，讓寶寶更容易含入口腔喔！

3. 像刀子在割的乳頭破皮、皸裂

曾經遇過一對父母，媽媽原本很想親餵，但是寶寶的含乳不正確，造成媽媽乳頭受傷，讓媽媽非常害怕，每次餵奶都要先倒抽幾口氣，然後忍痛讓寶寶吸。後來媽媽真的太痛了，想說要休息一下，先擠奶出來瓶餵寶寶就好，但爸爸不太能理解媽媽的想法，還是希望媽媽能親餵。我了解之後，跟爸爸說：「爸爸，你知道曾經有媽媽怎麼形容乳頭受傷的痛嗎？」爸爸說不清楚，覺得應該還可以吧！我說：「那樣的痛就像刀子在你身上來回割著。」爸爸聽完超震驚，突然說：「哇……我能想像那樣的感覺了，那真的很痛耶！」沒錯，真的就是這麼痛，於是爸爸更能理解並支持媽媽的決定了。

正常狀況下，寶寶剛開始吸吮幾口時，媽媽可能會覺得痛，但是如果寶寶含乳正確的話，過程中就應該不會疼痛。若是媽媽持續感到疼痛，就須再調整寶寶含乳的姿勢喔！

常造成乳頭破皮／皸裂的原因

- 餵奶姿勢及寶寶含乳的姿勢不正確
- 寶寶習慣奶瓶餵食或是吃安撫奶嘴
- 過度清潔乳頭
- 寶寶親餵時強行將寶寶拉走
- 寶寶咬乳頭
- 寶寶舌繫帶太緊
- 乳頭感染

乳頭受傷的原因

餵奶及寶寶含乳的姿勢

• 餵奶初期，媽媽常會乳頭受傷流血。

在乳頭受傷的常見原因當中，又以寶寶含得不好最為常見。常常看到寶寶噘著嘴含乳；或是寶寶嘴巴沒有打開，噘著嘴一直摩擦媽媽乳頭；有時候對著乳頭含進含出的拉扯，這些很容易會讓乳頭受傷。因為含乳含不好，寶寶也沒有好好吸到奶水，無法滿足，很容易生氣或是很容易一放下去就哭了；這時很多媽媽就會以為自己沒有奶，其實乳汁還在裡面，寶寶沒有順利吸出奶水。在這樣的惡性循環之下，很容易就使得乳頭破皮、皸裂。所以，首先必須確定媽媽的餵奶姿勢及寶寶含乳房的姿勢是否正確。

過度清潔

另外，很常碰到媽媽們過度清潔乳頭、乳暈。有些媽媽每次餵奶前都要清乳頭、乳暈，把乳暈分泌的保護油脂都擦洗掉了，造成皮膚乾裂，這樣很容易受傷。所以，乳房一般只需利用每天洗澡時清洗一次就可以了。

乳頭受傷的保護

如果媽媽乳頭受傷後，還想繼續親餵，可以先讓寶寶吸比較不痛的那一邊，或是更換不同的姿勢。如果媽媽兩邊乳頭都很痛，也可以選擇先休息，但並非休息後都不管乳房喔！仍要規律的手擠奶，必須繼續擠出乳汁，擠出後再瓶餵寶寶。在擠完奶或是親餵之後，可以將乳汁塗抹在乳頭上，幫助促進傷口的癒合；或是塗抹羊脂膏；也有媽媽表示先塗母乳，再塗羊脂膏，覺得這樣效果不錯；也有媽媽認為，單塗母乳或羊脂膏效果就很不錯了。

乳頭破皮／皸裂受傷疼痛怎麼辦？

將乳汁塗抹在乳頭上，促進傷口的癒合。

塗抹羊脂膏效果也很不錯，但是塗薄薄一層就好了。

如果媽媽的乳頭一直摩擦到衣服，真的非常疼痛時，可以暫時使用保護罩來減緩不適；或是如果媽媽使用溢乳墊的話，一旦潮濕就要趕快更換，否則乳汁超營養，很容易造成感染。

如果是因為念珠菌感染造成的乳頭、乳暈疼痛，一定要看醫生，使用藥膏治療，因為這種情況只塗抹乳汁也沒有幫助。如果真的是念珠菌感染，除了媽媽要治療，寶寶也要一起治療喔！

國際認證泌乳顧問的建議

國際認證泌乳顧問（IBCLC）凱莉（Kelly Bonyata）對於乳頭受傷破裂的護理也有提出一些國內比較少用的方法，這些方法也可以參考一下，但是無論如何，當乳頭破皮龜裂受傷時，有出現發燒、發炎／發紅、腫脹、滲出等情形，還是建議要先前往醫療

院所治療喔

❶ 首先，親餵後將乳頭浸泡在一小碗溫生理食鹽水，約 1 分鐘左右，讓生理鹽水浸入乳頭整個範圍；或者，將鹽水溶液放入擠壓瓶中，輕輕噴一下乳頭、乳暈，接著輕輕擦乾；再用羊脂膏塗抹或使用水凝膠敷料。

❷ 使用溫生理食鹽水浸泡時，時間不可太長（不超過 5～10 分鐘）。浸泡時間一旦太長，反而會使乳頭裂開和延遲傷口癒合。

❸ 如果媽媽有念珠菌感染的話，一樣先使用溫生理食鹽水浸泡，再塗抹藥膏。

❹ 如果寶寶不喜歡生理鹽水沖洗後殘留的味道，媽媽可以在親餵前稍微沖洗一下乳頭，輕輕擦乾。

4. 痛不欲生的乳腺阻塞

常常聽到媽媽反應，在乳房上摸到會疼痛的硬塊，有些是一小塊，有些可能好幾塊，或是比較大範圍的整個區塊；而且媽媽發現，寶寶比較不愛吸有硬塊的那一側，或是吸一吸，會生氣、拉扯；另外，也覺得好像奶水量比較少。有些媽媽覺得這些疼痛還能忍受，但有些媽媽覺得那真是痛不欲生！還有媽媽覺得乳房疼痛，但是沒有很明顯的硬塊，這類型往往會發現乳頭上有一個小白點（小白點之後會進一步描述）。

在與媽媽諮詢的過程，有時候一打開衣服，就會看到媽媽瘀青的乳房，光看到就覺得真的好痛。媽媽總覺得塞住了，有硬塊應該要用力推，大力死命推，認為這樣才可以將硬塊推開；甚至還有媽媽覺得自己下不了手，還會請爸爸幫忙推，一邊推，邊哭邊叫，這樣的蠻力，不受傷都難。常示範按摩力道給媽媽看的時候，媽媽都會說：「這樣就可以了，是嗎？」是的，這樣輕柔就可以了，完成之後媽媽也覺得好舒服。接著，試著用手擠奶移出乳汁時，媽媽常會說：「真的耶！這樣不痛，乳汁也出來了，能不痛、不用忍耐，真好！」

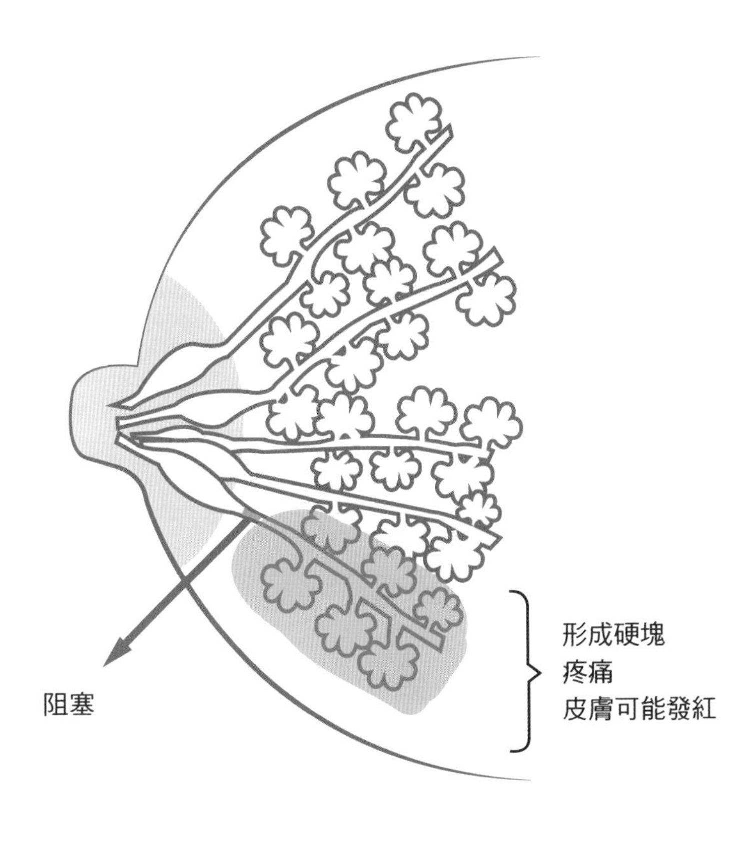

乳腺阻塞（塞奶）的原因

到底什麼是乳腺阻塞或是俗稱的塞奶呢？

常見的原因是乳腺管內的奶水沒有移出或是移出不夠，使奶水鬱積，慢慢地越來越濃稠，乳汁物質漸漸沉澱，形成加厚的乳汁，流動變慢，最後導致乳腺阻塞。

另外一部分的原因是乳房的間質組織腫脹，腫脹的結果，造成周圍的管子（乳腺管）受到擠壓，影響到乳汁的流動。乳汁是濃稠的液體，流動又變慢，同樣就慢慢阻塞管道了。很常見的另一種原因，有些媽媽會穿很緊的內衣或有鋼圈的內衣，媽媽想要趕緊瘦身，但是那些緊的、外來鋼圈的壓力，常常就會壓住脆弱的乳腺管，而造成阻塞。

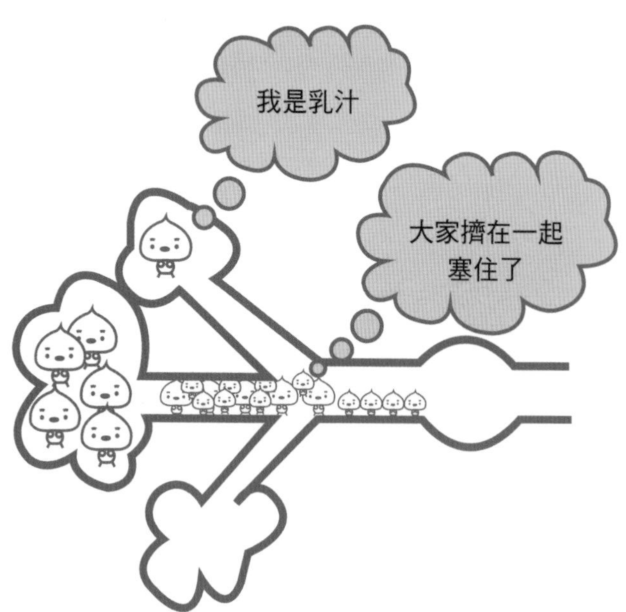

一旦阻塞，乳腺管後方的乳汁就沒辦法順利輸送出去，但是一樣繼續製造奶水，慢慢地就像灌水氣球一樣膨脹。這時候摸到的乳房會感覺有硬塊且疼痛。因此，塞奶時常常會發現奶水似乎變少了，擠奶也可能會疼痛。

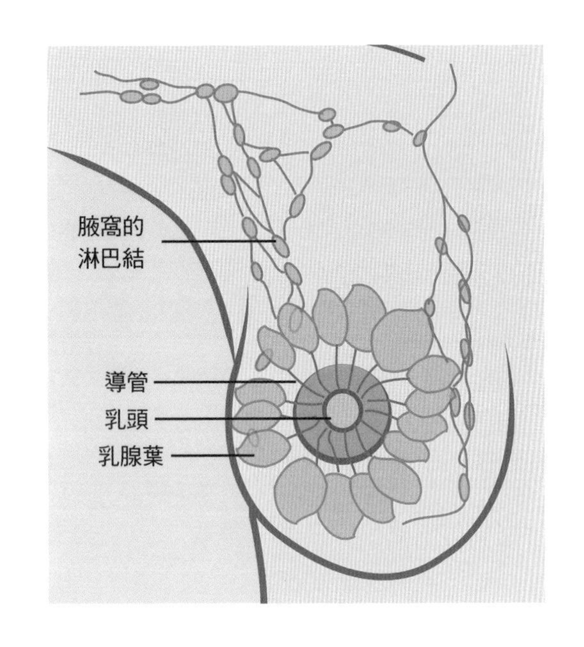

造成乳腺阻塞（塞奶）常見的原因

- 奶水太多，供大於求。
- 奶水只移除部分或是移出不足：寶寶不正確含乳、無效吸吮、限制寶寶喝奶時間、乳頭疼痛。
- 沒有經常餵食：媽媽過於忙碌或重返職場，寶寶長牙、睡很久、突然斷奶。
- 外力導致阻塞：穿了太小的胸罩，胸罩鋼圈壓迫胸部，使用乳頭罩、趴睡、用剪刀手餵奶姿勢。
- 乳頭上出現小白點。
- 壓力疲勞。
- 乳頭受傷、感染。
- 油膩飲食。

乳腺阻塞（塞奶）的處理

- 正確頻繁的哺乳，可以試著改變各種姿勢，在國外很多人這時候會常用垂吊的哺乳方式（參考 P.83），利用下垂重力，讓阻塞移除，姿勢上也可以依硬塊在哪裡，寶寶的下巴就在哪裡。
- 親餵的時候，也可以適時輕柔按摩按壓，增加流動。
- 如果寶寶不吸，可用手擠奶增加噴乳反射，讓肌肉收縮流出奶水。
- 避免外在壓力導致阻塞：穿著合適的內衣，還有哺乳的時候，可以適度支托及不要使用剪刀手餵奶的姿勢，這樣容易讓脆弱的管腺壓到。
- 通過按摩可以刺激奶水的流動，鬆開堵塞的管道，讓流動更順暢，按摩是輕柔的，無痛的乳腺疏通按摩（參考 P.130-135）。
- 根據國外研究，很多人也會使用乳房按摩器（力道不能太大）或是電動牙刷的底座進行輕柔震動，利用震動來鬆動阻塞，許多媽媽覺得很好用，不防可以試試喔。
- 如果是處理小白點，下一章有更詳細說明。
- 水分補充及休息也非常重要：因為推動乳汁，也需要能量，所以休息很重要的喔！另外壓力也會降低身體產生的催產素。
- 可以適度使用卵磷脂：卵磷脂可以將乳汁中濃稠的脂肪乳化成小分子，也就是將大分子切切切，切成小分子，那就會比較容易出來了。
- 若是比較頑固的阻塞，也可以透過超音波來治療乳腺阻塞／塞奶的情形，效果也不錯。
- 移除乳汁之後，還可以適度冷敷，減輕乳房腫脹的不適。

根據國際認證泌乳顧問（IBCLC）凱莉的建議，反覆的乳腺阻塞（塞奶）時，可以每日攝取卵磷脂 3,600～4,800 mg，例如每次 1 顆（1,200 mg），一天 3～4 次。若是 1～2 週後不塞了，可以減少 1 顆；如果再 1～2 週後，乳腺持續不塞，可以再少 1 顆，直到每天 1,200 mg。不能一下子覺得好像緩解，從每日攝取 4,800 mg，突然隔一天減少到 1,200 mg。這樣瞬間降低劑量，很容易乳腺又塞住了。

另外，紐曼醫師提到，一般乳腺阻塞會在 24～48 小時改善，有時候會長達 3～4 天；但是如果 1～2 週都沒有改善，就要尋求醫療幫助；當然，如果這過程中變得嚴重，也要趕緊看醫生治療才行。

卵磷脂的吃法

正確吃法

塞奶時，可以服用 3600-4800mg 的卵磷脂（約 3-4 顆），若稍有緩解，可以慢慢地漸進式減少 1 顆。

錯誤吃法

今天服用 4800 mg 卵磷脂，覺得好像緩解了，隔天直接遞減劑量成 1200 mg，這樣乳腺很容易又塞住了。

5. 聞之色變的乳腺炎

曾經有一位媽媽，一入住產後護理之家就已經乳腺炎了，媽媽說：「在醫院的時候，寶寶咬破我的乳頭，超級痛的。當時我想，如果還能忍的話就會繼續餵；但有時候覺得太痛了，就沒餵了。可是我沒餵也沒有擠出母奶，因為覺得奶量不多，應該不用擠吧！但是突然到第 5 天，我覺得乳房好脹，真的是無敵痛，擠出來也不太順，只能強忍硬擠。乳房除了脹，擠完奶還有硬塊，而且發現怎麼一擠完沒多久就又脹啦！真的是惡夢，什麼時候後才會夢醒呢？後來我開始發燒，醫生說我有輕微乳腺炎。現在我吃了藥，已經好多了。」

另一位媽媽是第二胎，剛入住產後護理之家第 2～3 天，媽媽說：「這胎寶寶都沒親餵過，乳房上也沒傷口，我現在覺得乳房超級脹，發現有硬塊，而且覺得奶量變少了，也不太好擠出來。我擠完還是覺得好脹、好痛，一大早還趕緊去讓人按摩乳房。回機構時，我覺得還是很脹、很不舒服。」我進房去看媽媽的時候，她的乳房皮膚已經紅了，沒有發燒，我立即給予冷敷處理，並協助媽媽順利擠出乳汁。擠出乳汁後，再繼續加強冷敷。慢慢地緩解了媽媽的不適，也漸漸改善皮膚紅的情形。

什麼是乳腺炎？

乳腺炎就是乳房組織發炎，症狀跟塞奶很像，常見症狀包括：

乳腺炎常見的症狀

- 乳房部分或是整個會劇痛、發熱。
- 觸碰到就痛、乳房腫脹。
- 乳房有硬塊。
- 乳房皮膚發紅、灼熱感。
- 身體畏冷，可能會發燒至 38.5 度以上。
- 覺得很疲累，身體很虛弱、沒精神。

乳腺炎分為兩種，一種是非感染性，另一種是感染性乳腺炎。聽到專有名詞好像很難，其實不會，我們首先來認識非感染性乳腺炎。

非感染性乳腺炎

非感染性乳腺炎，最常見的原因是乳腺阻塞，也就是乳房腫脹或是乳汁鬱積，造成乳管中的管道阻塞。想像一下，原本乳腺沒有阻塞的時候，奶水在管道中可以順暢流動，這樣的流動，可使細菌、微生物很容易就會被沖走，而且沒有機會繁殖。

如果乳汁停滯、鬱積時，充滿營養的乳汁很容易就會吸引細菌聚集且生長，加上持續鬱積的奶水，水分也慢慢會被抽乾，奶水就會更濃稠，持續對周圍的組織產生壓迫，壓迫的結果可能造成局部的發炎反應；另外，很常見當乳房腫脹而沒有持續移出乳汁，乳汁原本在乳腺管裡，但是乳腺管一直撐大、一直撐大，管子本來是好好的、緊密的，不會有空隙讓奶水跑出去，但是撐大的結果，撐到管子的縫變大了，使得部分奶水離開自己的乳管，跑到別人家（周圍組織）當中。奶水跑到那邊，對組織來說是外來物，所以免疫系統都被叫出來了，引起一連串反應，發炎，就變成乳腺炎。

就像有位陌生人突然跑到我們家一樣，雖然他說自己沒有惡意，但我們還是會覺得他就是壞人，會想把他趕走，甚至叫上很多人一起攻擊他。乳汁也是一樣的道理，只要跑到乳管以外的地方，就算它說它是自己人，但沒人相信，是吧！先打了再說。

非感染性乳腺炎，一般不會發燒，但是如果阻塞很嚴重，也可能有發燒的情形。

再次強調，移出乳汁非常重要。如果持續擠奶，乳汁都出得來，通常乳腺阻塞在 24～48 小時內就會緩解，不需要治療；但是如果症狀變嚴重，或是乳汁擠不出來，一定要趕緊看醫生治療。

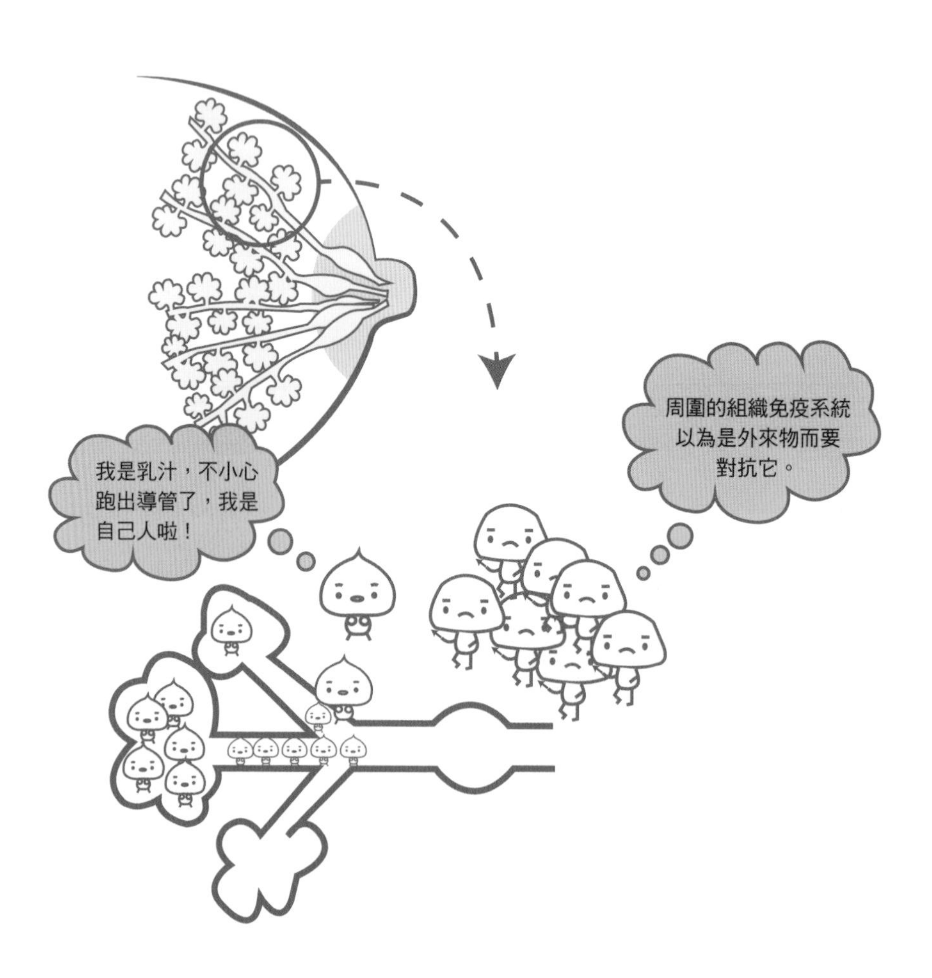

感染性乳腺炎

感染性乳腺炎一般是因為乳頭破皮、龜裂或是外傷，使細菌從乳頭的輸乳孔或是傷口進入乳腺組織；此時如果乳房內又有淤積的乳汁，細菌最喜歡營養的乳汁了，於是就造成發炎。

若是感染性乳腺炎，媽媽會覺得畏寒，可能會發燒至 38.3℃或更高。一般經過抗生素治療 24 小時後，就會退燒了；乳房疼痛大多在 1～2 天後會比較減輕，不那麼疼痛。另外，依一般治療的療程，在 10～14 天就會改善乳腺炎。再次強調，治療期間持續移出乳汁非常重要，否則如果乳腺炎沒有解決，很容易演變成乳房膿瘍。

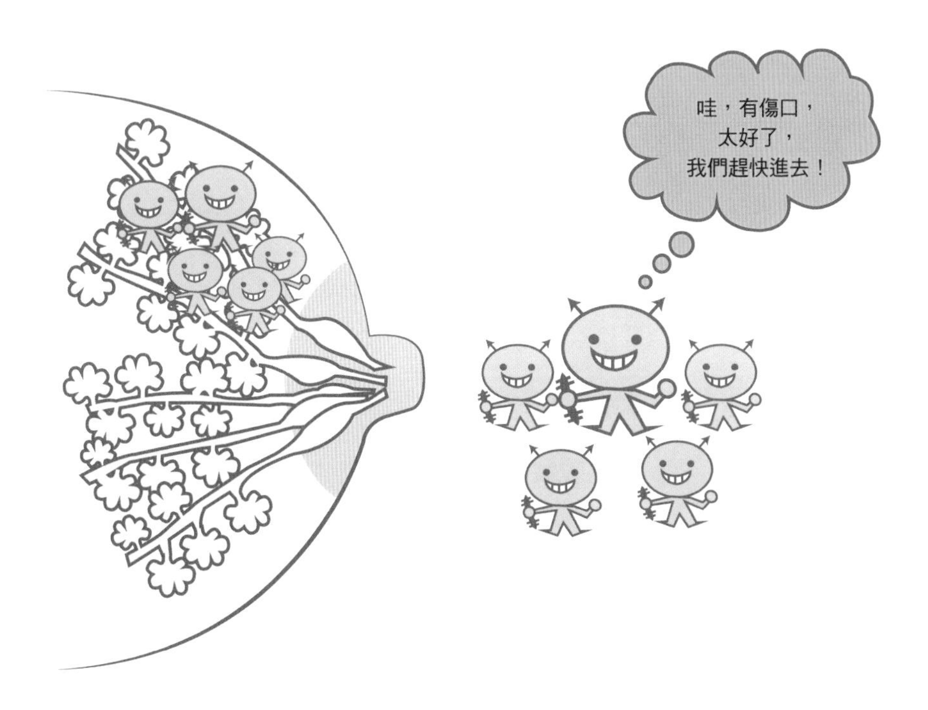

另外，乳腺炎的時候，常有媽媽問：「我發現寶寶不太愛吸乳腺炎那側的乳房，我本來想讓寶寶多吸，希望吸順一點，但是寶寶反而不吸了。平常還願意吸的，怎麼會這樣呢？」其實寶寶真的很聰明，因為通常患側的乳汁，會比較鹹喔！所以寶寶比較不愛。可愛的媽媽聽完後都會恍然大悟說：「嘴怎麼這麼厲害啊！原來是這樣，那就吸我正常的那邊，這邊就擠出來吧！」

乳腺炎的處理

1. 持續移出乳汁非常重要，如果寶寶願意吸，可以讓寶寶多吸。如果有些媽媽不想給寶寶吸發炎的乳房，那麼也一定要擠出乳汁。
2. 盡可能多喝水、多休息，增強抵抗力。
3. 請求醫療協助，醫生會用抗生素、止痛藥治療。
4. 適時冷敷乳房，降低製造乳汁的速度，也可以舒緩腫脹感。冷敷後通常會比較舒服，可以在擠完奶後冷敷，或是中間過程很不舒服的時候冷敷一下。一般冷敷 15～20 分鐘，記得避開乳頭及乳暈。
5. 千萬不能暴力按摩乳房（傳統的非專業人員常這樣做），正確的乳房疏通按摩是不會痛的喔！
6. 不可熱敷，反而會更嚴重喔！
7. 擠奶前一定要記得洗手，否則我們身上及環境有太多細菌了。

6. 傳說中的小白點，跟它說 Bye-Bye

曾經有一位讓我印象很深刻的媽媽，在幫她做乳房狀況評估的時候，她一打開衣服，乳頭上有著很明顯的小白點，她說：「平常我是很能忍痛的，只覺得有一點點不太舒服，但好像奶量有一點影響，寶寶似乎不喜歡吸這邊，不知道是怎麼了？」也有其他媽媽同樣有著小白點，而反應是覺得很痛，甚至有時候會刺痛，有時侯又覺得這一側都在痛。每個人對疼痛的反應都不同，然而，小白點是怎樣造成的呢？

形成小白點的原因

小白點的形成，常見有兩種原因，第一是乳管阻塞引起，可能因為乳汁變濃稠、甚至變硬，或是一些脂肪物質積聚造成阻塞，而慢慢堵住了出口；另一種原因可能是乳頭曾經受過傷，在該位置的皮膚過度生長，結果蓋住了乳汁的出口了，當出口被封住時，造成這薄膜皮膚後方的乳汁鬱積、阻塞，慢慢就形成了小白點。小白點看起來可能有一點點鵝黃色，也可能是白色的。

小白點的處理

1. **生理食鹽水濕敷：**使用生理食鹽水浸泡乳頭，可以用一個小蓋子倒蓋在乳頭上，或是濕敷幾分鐘。有些媽媽還試過稍微將生理食鹽水加溫，效果更好。生理食鹽水濕敷的目的是軟化皮膚，皮膚軟化之後，可以輕輕用紗布輕搓，看看那層膜會不會掉。若是那層膜還存在，接著開始擠奶，利用擠奶的時候引發噴乳（奶陣）反射，將那薄膜衝開來，那麼小白點就出來啦！只是根據臨床上的經驗，很少有媽媽可以一次就成功，所以一般會多做幾次；或者是濕敷完，靠寶寶的吸力及噴乳反射，將薄膜衝開。
2. **橄欖油濕敷：**使用（冷壓）橄欖油泡乳頭，可以用一個小蓋子倒蓋在乳頭上，或是濕敷（可以用紗布或是棉球），約 15～20 分鐘，這也是軟化皮膚的作用。敷完後，一樣輕輕用紗布輕搓，接著照常擠奶或是親餵。
3. **補充卵磷脂：**方法、劑量請見乳腺阻塞（P.122-123）。

4. **尋求醫療：**如果上述方法沒有效果，小白點還是一直存在沒有消失，而且造成乳腺阻塞，就要尋求醫療協助。常用針來挑掉小白點，然而這樣的做法不建議自己處理，若是沒處理好，很容易造成傷口感染。若是到醫療院所，處理完一般都還會給予藥膏擦拭，以預防感染。
5. **減少攝取高飽和脂肪的食物：**應減少攝取這類食物，像是披薩、漢堡、巧克力、油炸品、糖果、糕點、餅乾……。
6. **調整餵乳及含乳姿勢：**若是親餵的媽媽，可以調整寶寶含乳的姿勢，以及可以多試其他的餵奶姿勢。
7. **親餵時按摩：**親餵的時候，可以適時輕柔按摩、按壓乳房，促進乳汁流動。

以上這幾種方法是目前最常用的，國外有人會使用瀉鹽（Epsom Salts）濕敷，目的同樣是軟化皮膚。除了這些，一般會建議此時可以用手擠奶移出乳汁，但若恢復到徒手擠奶的話，媽媽們應該都會覺得太難了，這真的很辛苦。沒關係，還是可以使用吸奶器，吸奶器的力道稍微調到弱一些就好。

7.〔圖解〕疏通乳腺的無痛按摩

這套疏通乳腺的按摩技巧，一共 12 個步驟，可以運用在——開奶、塞奶、石頭奶、脹奶、小白點，以及想增加奶水也可以用喔！

乳房按摩時的注意事項

❶ 力道輕柔。

❷ 不會疼痛。每個人對痛的感受不同，如果會痛一定要再調整力

道，輕一點。

3 初期開奶時的按摩，建議可以用空針將乳汁收集起來。

4 若是脹奶，甚至石頭奶，在擠奶步驟時，如果媽媽的奶量很多，那麼就可以建議排掉一些，因為要收集又要按摩，一來一回會太耗時，按摩耗時太久；但如果是奶量還不多的媽媽，建議還是收集起來，否則真的會心疼。

5 這些按摩的步驟都可以混合使用，不是一定得依順序進行。但是建議先熟悉圖中的全部步驟，之後再依情況調整，或是也可以單做其中某些步驟。

6 罹患乳腺炎，請一定先去看醫生，然後加強移出乳汁或多親餵寶寶。擠奶前可以稍微執行幾個步驟的按摩，就可以擠奶了。擠奶完若還是有點不舒服，趕緊冷敷喔！

無痛疏通乳腺 12 步驟

各種狀況的按摩	
乳房狀況	加強以下這幾種按摩
開奶	加強步驟 1～4 及 10～11 的按摩。
塞奶、石頭奶、脹奶及小白點	加強步驟 1～7 的按摩。
增加奶量	加強步驟 1～6 及 9～12 的按摩。

以下是以別人幫媽咪按摩乳房的視角來寫步驟，如果媽咪想要自己按摩，請以順手的方式操作即可，請依照順序按摩：

1. 放射螺旋按摩

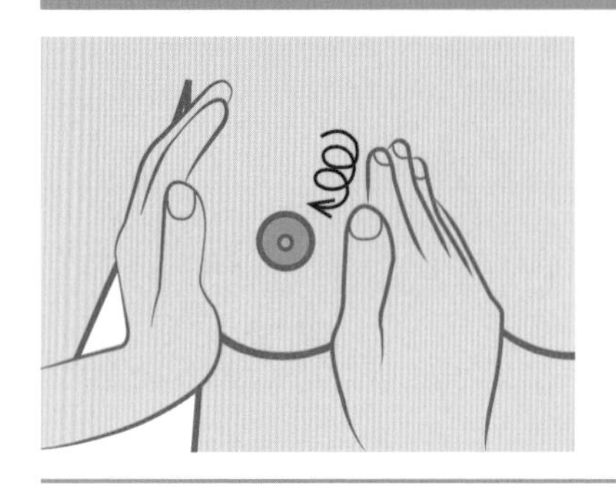

❶ 按摩者面對媽咪的乳房。
❷ 左手扶著乳房。
❸ 右手的食指和中指，或是加上無名指，一起先由外而內，輕輕地放射狀觸診整個乳房。
❹ 觸診完，從放射狀輕壓點及螺旋狀往乳暈方向按摩。
❺ 按摩乳房每個面，整套做 2～3 次。

2. 上下晃動按摩

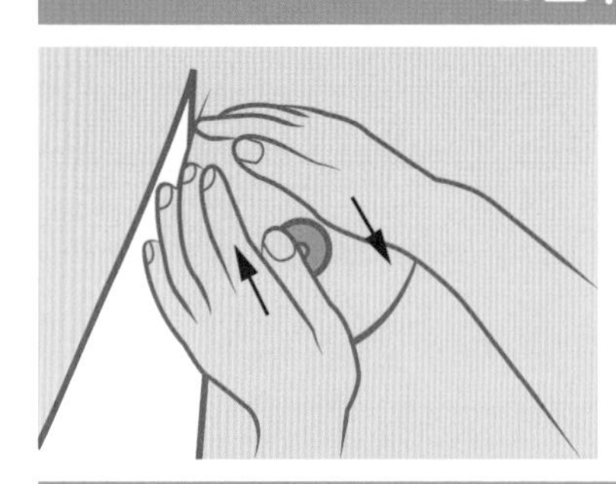

❶ 按摩者面對媽咪的乳房。
❷ 左右手，先輕放在乳房上，兩手一上一下。
❸ 輕輕晃動及輕輕搓動乳房上下。
❹ 斜 45 度：左手在下，右手在上。
❺ 斜 45 度：右手在下，左手在上。
❻ 按摩乳房每個面，整套做 2～3 次。

3. 放射點壓按摩

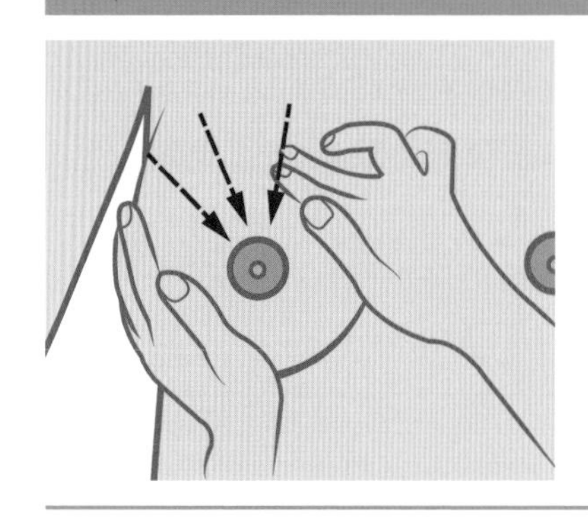

❶ 按摩者面對媽咪的乳房。
❷ 左手扶著乳房。
❸ 右手的食指和中指，或是加上無名指，放射狀往乳暈方向輕壓。
❹ 力道是輕的。
❺ 若是輕壓的那個點有發現硬塊，則稍微往前一些輕壓點。
❻ 一直往前帶到乳暈前。
❼ 按摩乳房每個面，整套做 2～3 次。

4. 微擠按摩

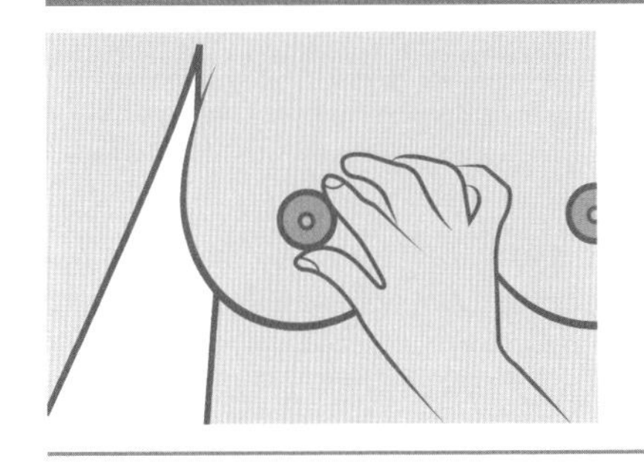

❶ 以食指和大拇指，從乳房前端，由外而內輕輕擠壓。
❷ 試著稍微擠出一點點乳汁。

5. 上下點壓按摩

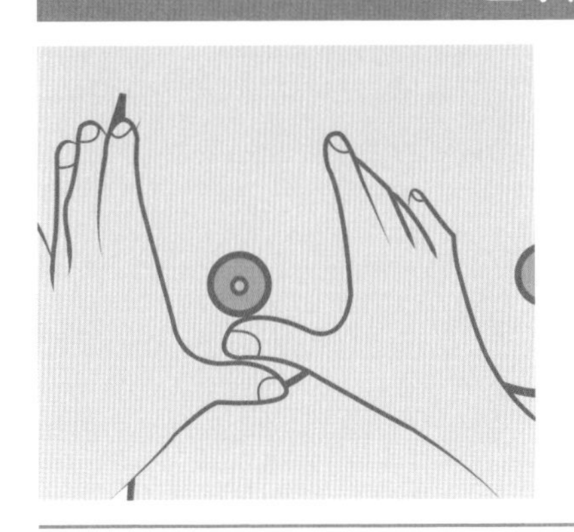

❶ 按摩者面對媽咪的乳房。
❷ 大拇指一上一下。
❸ 由乳房根部往乳暈方向前進，像走路一樣。
❹ 一上一下前進輕輕點壓。
❺ 若是點壓的那個部位發現硬塊，則稍微往前一些輕輕點壓。一直往前壓，慢慢按到乳暈前。
❻ 重複多做幾次。

6. 震動按摩

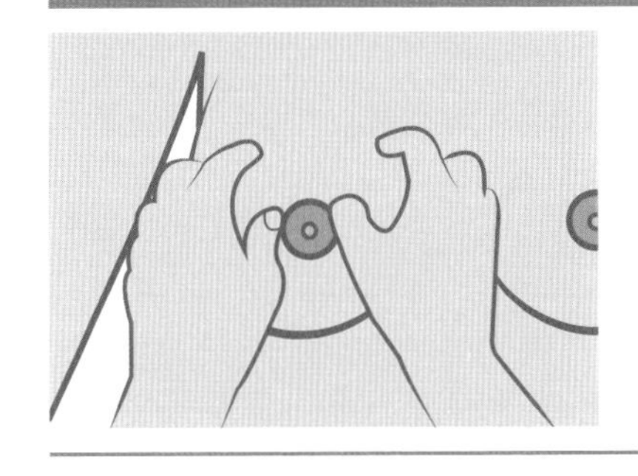

❶ 按摩者面對媽咪的乳房。
❷ 雙手稍微拱起來，用手指腹來按摩。
❸ 由乳房根部往乳暈方向震動。
❹ 力道是輕的。
❺ 按摩乳房每個面，重複多做幾次。

7. 微擠按摩

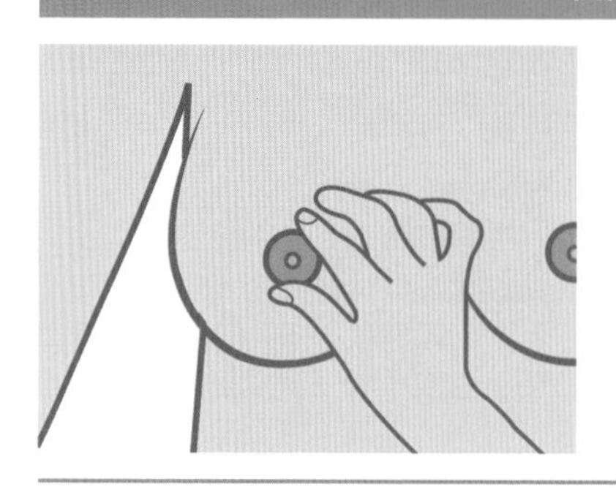

❶ 同手法 4 的微擠按摩。
❷ 以食指和大拇指，從乳房前端，由外而內輕輕擠壓。
❸ 試著稍微擠出一點點乳汁。

8. 手捧按摩

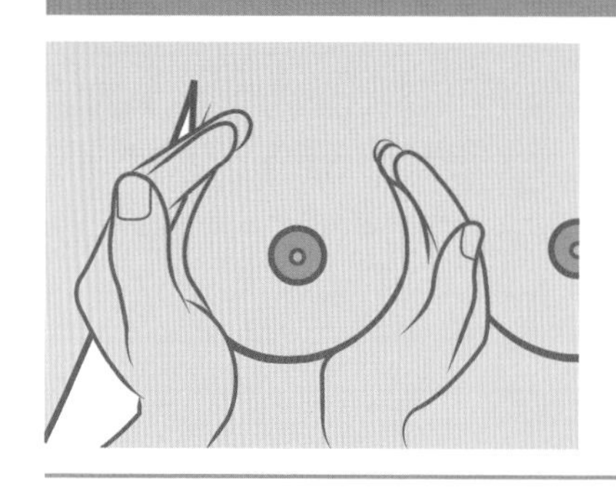

❶ 按摩者面對媽咪的乳房。
❷ 兩手稍微拱起來，像是捧著東西的感覺。
❸ 有點兒往上輕抬。
❹ 力道是輕的。
❺ 按摩乳房每個面，重複多做幾次。

9. 交錯日月按摩

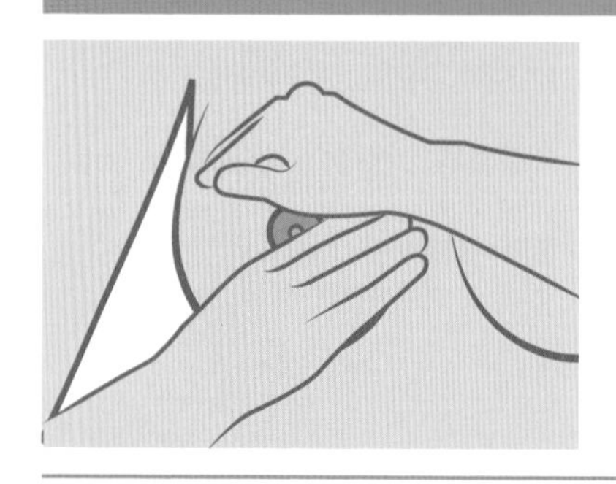

❶ 按摩者面對媽咪的乳房。
❷ 兩手交錯。
❸ 稍微貼扶著乳房。
❹ 日月法轉動：一手由上往下，另一手由下往上，類似打太極拳，力道輕柔。
❺ 按摩乳房每個面，重複多做幾次。

10. 手指點壓按摩

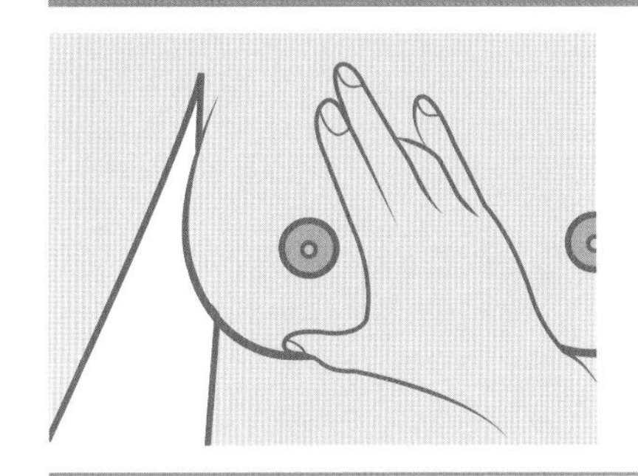

❶ 按摩者面對媽咪的乳房。
❷ 將右手的大拇指及無名指，由外圍的乳房根部往乳暈方向輕輕點壓。
❸ 接著轉用變成大拇指及中指，往乳暈方向輕輕點壓。
❹ 力道是輕的。
❺ 按摩乳房每個面，重複多做幾次。

11. 微擠按摩

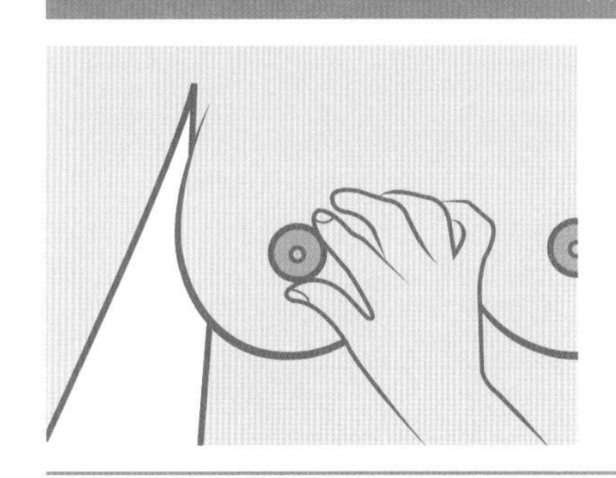

❶ 同手法 4 的微擠按摩。
❷ 以食指和大拇指，從乳房前端，由外而內輕輕擠壓。
❸ 試著稍微擠出一點點乳汁。

12. 大小魚際肌輕撫按摩

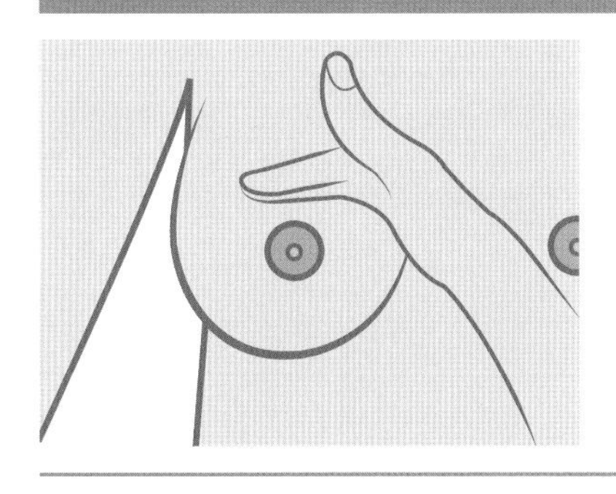

❶ 將按摩者的右手微微拱起來，輕貼乳房。
❷ 用手掌側邊的小魚際肌及指腹，輕輕由乳房外圍往乳暈處輕撫輕撥。
❸ 或是用手掌側邊的大魚際肌及指腹，輕輕由乳房外圍往乳暈處輕撫輕撥。
❹ 力道是輕的。
❺ 按摩乳房每個面，重複多做幾次。

CHAPTER 5

超級奶陣方程式，不藏私秘訣大公開

本章重點

很多媽媽都知道，噴乳反射（奶陣）很重要，因為當奶陣來的時候，是移出奶量最多的時候。臨床上，多數媽媽在每次擠奶過程會有1～2 次奶陣，也有媽媽可以多達 3～5 次。輕鬆引奶陣有技巧可循，在本章列出許多方法，像是按摩手法，讓媽媽可以輕鬆學習引奶陣。

1. 準備自己

前面提到許多觀念，其中讓奶量多的兩大重要關鍵——催產激素引發的噴乳反射，以及心理作用。所以，先準備自己真的很重要。

吸引力法則

大家可能聽過「吸引力法則」的重要性吧！常有媽媽表示：「有啊！有啊！我一直告訴自己希望奶多一點，但是好像沒有用。」奶多，應該是哺乳媽媽最關心的問題之一。焦慮的媽媽常見的情況是不大親餵，而且往往延遲擠奶時間，但每次擠奶又覺得量都不夠多，於是擔心這樣怎麼夠寶寶喝呢？

首先，回到剛剛所說的吸引力法則，這個理念很重要的是——想著實現你心中的目標與願望，但並非光說不做就能達到。重要的是達成願望的追求過程，當中可能會碰到種種狀況，但仍持續努力、修正，慢慢就能達到我們所想要的了。以媽媽想要奶量變多為例，促進奶量有許多因素，像是有效親餵、規律移出、釋放內心壓力、心情放鬆、家人正向支持、適度休息，睡眠充足等，以及自己的堅持，這些都做到就會看見效果。

放鬆、心情好，奶量 UP!

有了正確的觀念後，還要告訴自己：

「我要對自己好，因為媽媽開心，寶寶也會開心。」

媽媽有多少奶，就先讓寶寶喝多少，不去想著有多少奶量，而是告訴自己：「等一下寶寶就可以喝到我的奶了」，或寶寶很開心喝著母奶的模樣，大口大口吸的樣子，哇！想像這畫面，心情也會變好。

然後，聽著自己喜歡的音樂，上個廁所，喝杯溫熱的水，再想像一下寶寶笑的模樣，看看寶寶的照片、播放寶寶的影片；或是想開心的事，想想另一半體貼的樣子，剛談戀愛時的開心時光；或等一下去放鬆按摩；也可以請另一半買自己很想吃的東西；或是閱讀有趣的文章或笑話，笑一下。總之，想開心幸福的事，就是不要去想不好的事；不要想著讓你生氣、讓你煩惱的事。若是覺得不知道該想什麼，那麼跟著音樂唱唱歌也很好，轉移注意力；或是看讓你開心大笑的電視都可以喔！調適一下心情。有媽媽分享，常常在擠奶的時候跟好友聊天、講電話抒發情緒，或是看喜歡的電視，發現奶量真的會多一些；如果有訪客來，她急著擠完奶要出去，很緊張，有時反而好像擠得沒這麼順。

2. 三種放鬆技巧

當媽媽的心情轉變、調適之後，擠奶前若還有時間，可以做放鬆的技巧。

深呼吸放鬆法

用腹式呼吸。腹式呼吸可以刺激及強化副交感神經，說到交感、副交感神經，可能很多人都開始頭痛了。有人曾比喻，交感就像加油一樣，會讓人緊張、保持警覺，也會提高專注力；副交感神經則讓人放鬆、休息等。

腹式呼吸可以達到放鬆、促進血液循環，以及轉移注意力等好處。做腹式呼吸時，可以將手放在腹部，感受起伏。深呼吸放鬆法的步驟如下：

❶ 鼻子慢慢深吸氣，心中數 4 秒。

❷ 用嘴巴吐氣，長吐約 6 秒；吐氣時，可輕輕按壓腹部。

❸ 如果時間允許，可以一天做 5～10 分鐘，或每次做 10～12 次。

深呼吸放鬆法

❶ 鼻子慢慢深吸氣
❷ 數 4 秒，然後用嘴巴吐氣，吐 6 秒。
❸ 一次做 10～12 下，一天做個 5～10 分鐘。

肩頸熱敷

媽媽們一天要擠很多次奶或是親餵多次，有時因為餵奶姿勢、一直低頭，或是專注看寶寶的含乳狀況，往往造成媽媽肩頸僵硬。熱敷肩頸可以促進血液循環、放鬆肩頸肌肉。中醫也表示，熱敷可以疏通重要經絡，使氣血通暢。

擠奶前若還有時間，先讓肩頸放鬆，可以熱敷 15 分鐘，或是使用肩頸按摩器。另外，在這裡教媽媽一個擠奶姿勢（如圖）。這樣一來，肩頸有支撐，比較不會每次擠完奶就肩頸僵硬，不妨試試喔！

背部按摩

如果可以，請另一半幫媽媽做背部按摩。有另一半愛的撫觸，加上按摩，更容易讓肌肉放鬆、減少壓力荷爾蒙，並且引發催產激素的分泌。家人或另一半可以照著下圖的背部按摩來進行，用大拇指沿著媽媽背部的脊椎兩側按壓。

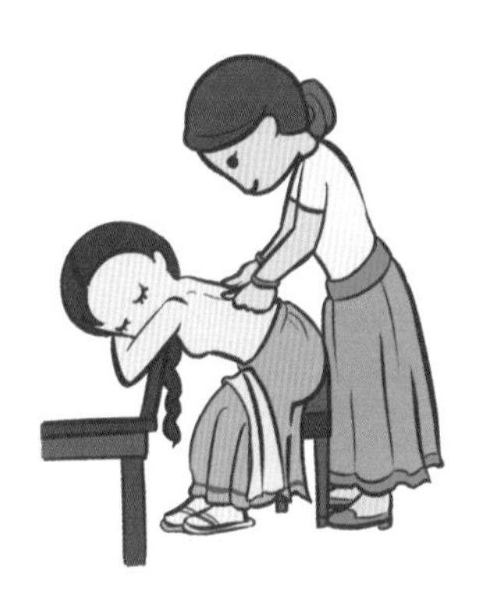

背部按摩時，媽媽可以穿薄的、舒服、貼身的衣服；也可以將衣服都脫掉，效果更好。如果脫掉衣服做背部按摩，抹一點點按摩油會更好。

背部按摩

① 大拇指畫圈法

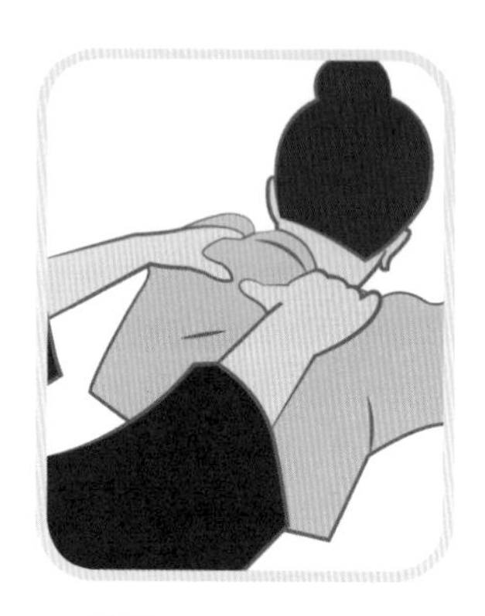

準備工作

❶ 請媽媽雙手向前，用舒服的姿勢趴在桌上。

❷ 最好墊個枕頭，再趴在桌上，能夠更放鬆。

❸ 按摩者先找到脊椎的位置。

❹ 雙手輕鬆握拳。

❺ 伸出大拇指，放在脊椎旁約 2 指處。

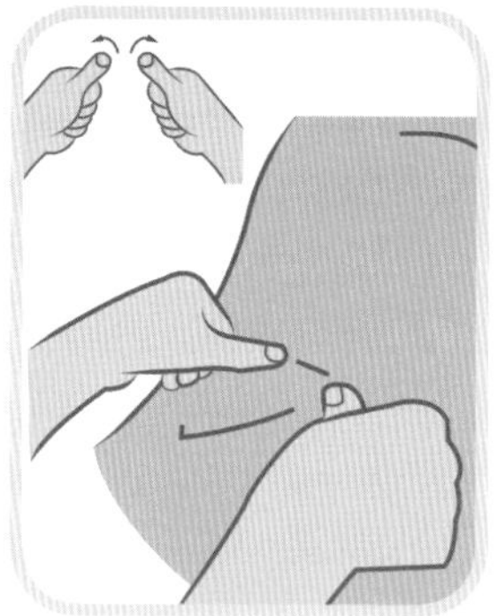

大拇指畫圈法

❶ 用大拇指的指腹往外畫圓，或是環形按摩。

❷ 先由下背往上背的方向按摩。

❸ 再反過來，由上背往下背的方向按摩。

❷ 雙手畫心法

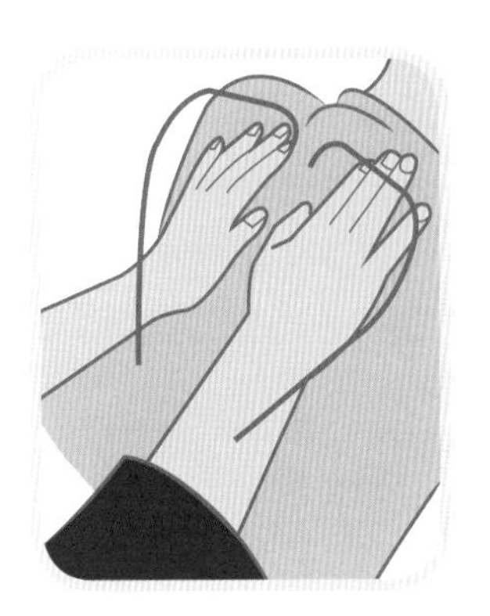

準備工作

❶ 請媽媽雙手向前，用舒服的姿勢趴在桌上。

❷ 最好墊個枕頭，再趴在桌上，能夠更放鬆。

❸ 按摩者的雙手手掌輕輕放在媽媽的背上。

雙手畫心法

❶ 以背部上方的脊椎為起點，畫出一個愛心的形狀。

❷ 輕撫數次。

❸ 握拳上下按壓法

準備工作

❶ 請媽媽雙手向前，用舒服的姿勢趴在桌上。

❷ 最好墊個枕頭，再趴在桌上，能夠更放鬆。

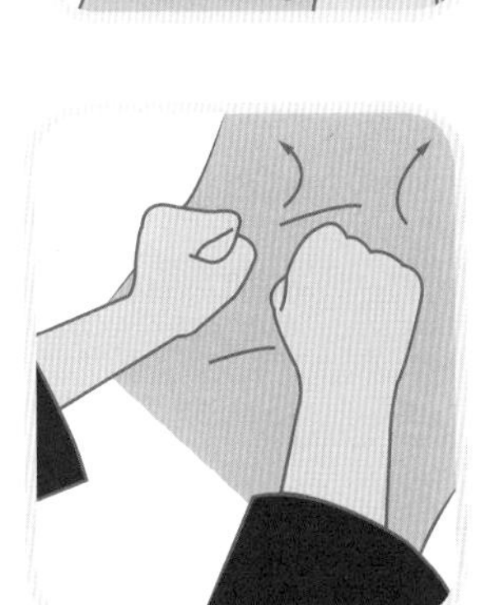

握拳上下按壓法

❶ 雙手握拳，平放在脊椎旁約兩指處。雙手向上、向下移動。

❷ 移動時由下背往上背的方向按摩。

❸ 按壓數次。

❹ 手掌斜推法

準備工作

❶ 請媽媽雙手向前，用舒服的姿勢趴在桌上。

❷ 最好墊個枕頭，再趴在桌上，能夠更放鬆。

❸ 右手輕輕放媽媽的右背上。

手掌斜推法

❶ 先從脊椎右邊斜角往上推。

❷ 左右手一起在右背上，以一上一下來回的方式輕撫數次。

❸ 左手輕輕放媽媽的左背上。

❹ 從脊椎左邊斜角往上。

❺ 左右手一起在左背上，以一上一下來回的方式輕撫數次。

❺ 大拇指揉滑法

準備工作

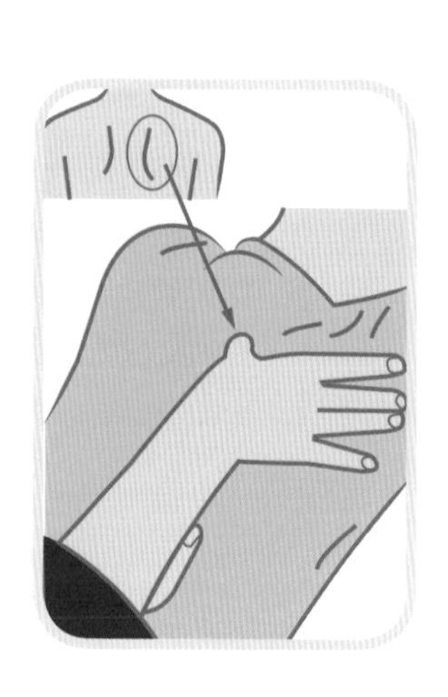

❶ 請媽媽雙手向前，用舒服的姿勢趴在桌上。

❷ 最好墊個枕頭，再趴在桌上，能夠更放鬆。

❸ 左手輕輕放媽媽的背上。

大拇指揉滑法

❶ 右手大拇指定點揉按肩胛骨邊緣處，大拇指再沿著肩胛骨邊緣處慢慢向下按摩。

❷ 沿著肩胛骨邊緣處，以由上往下滑的方式按摩。

❸ 按壓數次。

3. 舒緩／放鬆運動

媽媽們在親餵或是擠奶的時候，常常一直低頭看著寶寶或是乳房，一天多次下來，往往造成肩頸僵硬。事實上，一旦肩頸放鬆之後，可以幫助噴乳反射，使乳汁流出更順利。所以，在這裡圖解示範平常有空都能做的簡單運動，可以舒緩肩頸肌肉。媽媽的身體舒服了，自然就放鬆了，奶水也更順暢了。

① 轉肩法

效果：緩解肩部的緊張

步驟：❶ 雙手放鬆垂下。
❷ 深吸一口氣。
❸ 肩膀由上往後轉動。
❹ 吐氣時放下。

次數：2-3 次。

步驟：❶ 雙手放鬆垂下。
❷ 深吸一口氣。
❸ 肩膀由上往前轉動。
❹ 吐氣時放下。

次數：2-3 次。

❷ 側頸伸展法

效果：伸展頸側部肌肉

步驟：❶ 右手放頭的左側。
❷ 右手輕壓頭部，壓到覺得側面肌肉有點緊緊的感覺，不能過度用力。
❸ 然後停留 10 秒，再回正。
❹ 再換邊做一次。

次數：2-3 次

❸ 後頸伸展法

效果：伸展頸後部肌肉

步驟：❶ 右手放頭的頂部。
❷ 右手輕壓頭部，斜 45 度角壓，壓到覺得肌肉有點緊緊的感覺，不能過度用力。
❸ 然後停留 10 秒，再回正。
❹ 換邊再做一次。

次數：2-3 次

步驟：❶ 右手放頭的頂部。
❷ 左手指腹放下巴，右手輕壓頭部往前並往下，壓到覺得肌肉有點緊緊的感覺，不能過度用力。
❸ 然後停留 10 秒，再回正。
❹ 換邊再做一次。

次數：2-3 次

④ 上頸伸展法

效果：舒緩上頸部肌肉

步驟：❶ 右手的食指中指及無名指指腹輕放頸部上。
❷ 水平來回按摩 10 次。
❸ 換邊再做一次。

次數：2-3 次

⑤ 肩背伸展法

效果：放鬆肩部與手臂及肩胛骨附近肌肉

步驟：❶ 先盤腿放鬆坐著。
❷ 將右手的手肘舉高。
❸ 與肩平行。
❹ 慢慢用手肘畫圈。
❺ 向後畫 10 次。
❻ 向前畫 10 次。
❼ 換邊再做一次。

次數：2-3 次

4. 引奶陣的 6 招乳房按摩術

擠奶前很重要的是噴乳反射，就是所謂的引奶陣。在一開始先準備自己，有空再做點按摩及舒緩運動。若是擠奶前發現已經在滴了，其實這就是噴乳反射活躍，就可以直接先擠奶；若是還沒有，可以做以下圖解示範的 6 招乳房按摩術來促進引奶陣。一般擠奶會輪流左右邊各擠幾分鐘，等到流速變慢時就換邊，2～3 回後，發現可能兩邊流速都變慢時，可以重新按摩一下或是喝口水、動一動，你會發現又順囉！

手擠奶前的按摩手法及注意事項：

❶ 先將物品（儲乳瓶）準備好，並喝杯溫熱的水，約 200～300 ml。時間允許的話，可以先做深呼吸 5 次。

❷ 洗手（肥皂或洗手液）。

❸ 如果奶水還沒來，可以先做一下乳房按摩，然後再擠奶。

❹ 採用讓自己舒服的姿勢，擠奶時身體可以稍微前傾。

❺ 若是按摩時奶水來了，都可以直接擠奶；若還沒來，可以使用第 6 招（見圖解）。這個動作有點像是寶寶一開始含乳時的淺快吸吮，有叫奶的作用，約做 1～2 分鐘，接著就開始擠奶。

6 招乳房按摩術

1 螺旋放射按摩

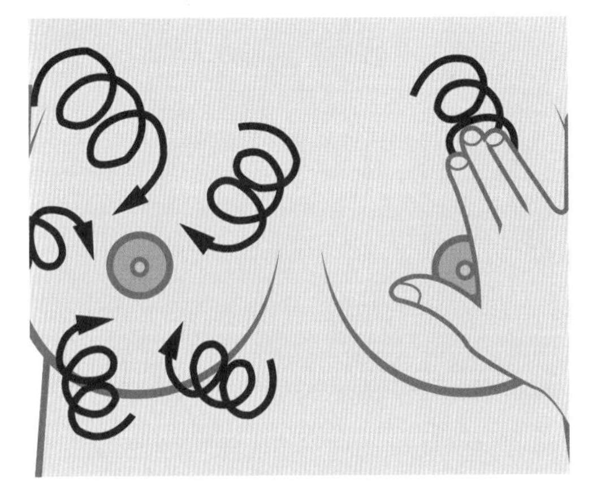

❶ 由外往中心方向（按到乳暈前面一點）。
❷ 用食指、中指，或是食指、中指、無名指，一起螺旋畫圈。
❸ 畫圈時，由外往中心畫。
❹ 力道輕柔，不要用力。
❺ 依序按摩如圖呈放射狀。

2 螺旋同心圓按摩

❶ 由外往中心方向。
❷ 用食指、中指，或是食指、中指、無名指（依個人習慣），一起螺旋畫圈。
❸ 先做乳房外圈的大圈圈，1 圈。
❹ 再往中心一點的第 2 圈按摩。
❺ 輕柔按摩。
❻ 依序按摩如圖向內畫圈。

③ 震動按摩

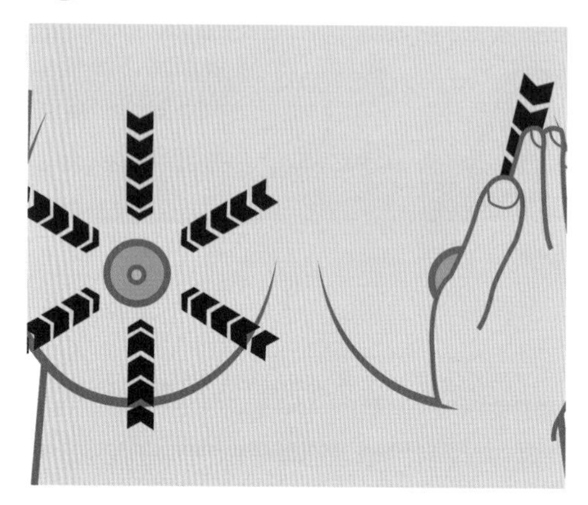

❶ 由外往中心方向（乳暈前面一點）。

❷ 併攏食指、中指，或是食指、中指、無名指，一起往中心震動。

❸ 也可以用雙手做兩側乳房的甩奶震動。

❹ 依序按摩如圖呈放射狀。

④ 點壓按摩

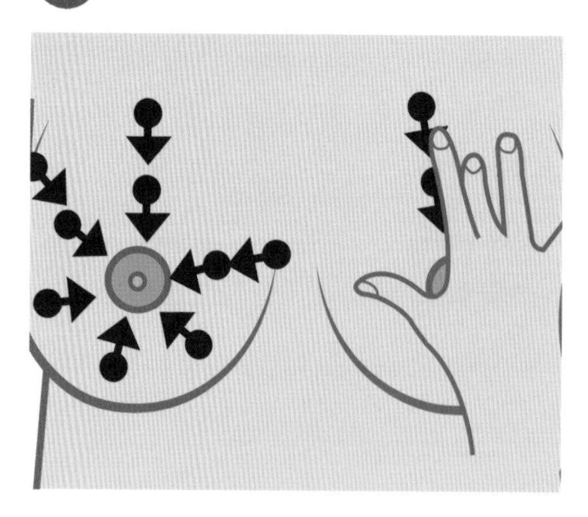

❶ 由外往中心方向。

❷ 用食指、中指，一上一下做點壓。

❸ 像是輕柔走路，由外往中心點壓。

❹ 依序按摩如圖呈放射狀。

5 輕撫按摩

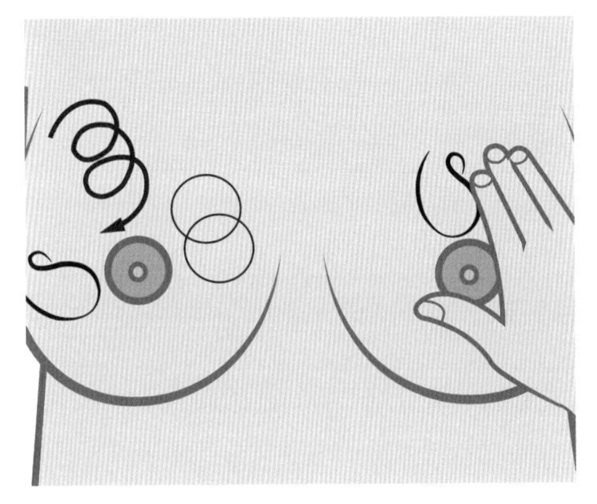

❶ 按摩乳暈及乳暈上方的乳房。
❷ 用食指、中指。
❸ 非常輕柔地在皮膚上，畫圈、畫 U 型、或是畫螺旋。
❹ 輕到會起雞皮疙瘩的感覺更好。
❺ 希望使肌肉收縮，很快就會流出乳汁。

6 點按按摩

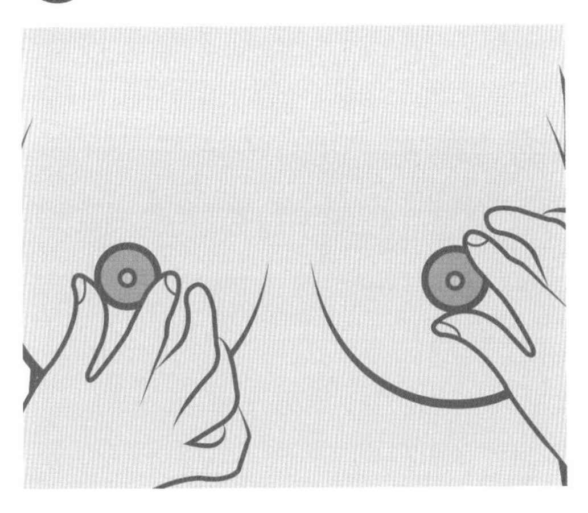

❶ 手指放在乳暈邊界處。
❷ 用食指、大拇指。
❸ 輕輕點按，米字形。
❹ 模擬寶寶一開始喝奶前的淺快喝奶。
❺ 也類似吸奶器的催(叫)奶模式。

5. 輔助工具——小兵立大功

在乳房按摩的時候，有時會用到一些輔助工具，有許多媽媽覺得這些工具真是小兵立大功。以下介紹幾種常會使用的按摩的小工具，像是三角按摩器、貓腳掌按摩器，甚至可以使用電動牙刷的底座來按摩。也不妨試試最後介紹的頭皮按摩爪，它的目的是引起雞皮疙瘩般的感覺，讓乳房內的肌肉細胞收縮，幫助乳汁更順利流出！

輔助工具	提醒
• 常見按摩器	挑選及使用按摩器時，注意選擇與施作的力道不要太大。電動牙刷的底座也常被用來疏通乳房的阻塞。
• 疏乳棒	使用時力道輕柔，像是梳頭髮一般放射狀推（乳房外往乳暈方向）。
• 毛筆或腮紅筆	輕輕用毛刷向乳房， 在乳房上輕輕來回刷動。 也可用放射狀刷（乳房外往乳暈方向）， 力道輕柔，有起雞皮疙瘩的感覺更好。
• 頭皮按摩爪	輕輕放在頭頂上， 抓著把手上上下下。 像是抓頭皮的動作， 有起雞皮疙瘩的感覺更好。

6. 選擇正確吸奶器的 COMFY 法則

關於吸奶器的選擇，很多媽媽都不是很清楚，如果選擇錯誤，反倒容易造反效果。若喇叭罩太小，會造成乳頭受傷甚至破皮龜裂；若是太大，負壓的壓力會造成乳管受傷或是乳暈水腫。有時因為乳暈處有硬塊，真空吸力下將硬塊處往下挪或旁邊挪，反而壓住奶水出口，讓媽媽們覺得吸不出來。

另外，吸奶器喇叭罩的尺寸不符時，可能影響乳房內乳汁移出受阻，進而導致乳汁鬱積。如果乳汁鬱積時，哺乳反饋的抑制劑（FIL）乳蛋白也會留在乳房中。如同前面曾提及 FIL 的作用，導致一直有訊號跟大腦說：「不要再做啦！」或是「做慢一點吧！」這樣慢慢的，奶量就會越來越少，所以選擇正確的吸奶器尺寸真的很重要。

如何正確選擇吸奶器呢？遵循以下的 COMFY 法則，就可以輕鬆選擇適合自己的吸奶器了。

COMFY 法則

法則名稱	檢測內容
C – Centered	乳頭能在罩杯管道中自由的移動。
O – Only	乳暈的組織沒有或是很少被吸入罩杯管道中。
M – Motion	隨著每個吸乳循環，乳房的運動溫和而有節奏。
F – Feels	感覺母乳抽吸舒適，不覺得疼痛。
Y – You	感覺到乳房重量的改變，也就是吸得很好，吸完後乳房應是舒服的；若還是覺得乳房飽滿或微脹硬，表示只吸出了一部分。

關於吸乳器喇叭罩的尺寸選擇，每個人仍有些許差異。一般來說，讓乳頭能在管道中自由移動，通常選擇乳頭尺寸＋4～6 mm（每邊大約 2～3 mm)，例如乳頭大小（自乳頭根部測量）16 mm，一般建議拿 20～22 mm 的，但仍會因個人差異與各家廠牌略有差異。例如 A 廠牌拿 24 mm 太大，會疼痛，加了按摩花瓣，尺寸變 19.5 mm，覺得很舒服，使用完仍不會疼痛，那麼這就對了；但是 B 廠牌拿 22 mm 以為差不多，但卻覺得痛，加了花瓣變成 18 mm，剛開始很舒服，但是用一小段時間後開始疼痛、受傷，表示不適合。

每個人的乳頭大小都不一樣，感受性也不同；即使同一個人，也常見左右邊乳房有差異。國外媽媽很多會準備 2～3 個喇叭罩尺寸，這是很正常的；甚至還分產後幾天跟產後 1 個月時，會選擇不同的尺寸，所以國外廠牌尺寸真的比較齊全。目前國內的吸奶器，有些大廠的確很多尺寸，而有些廠牌只有 1～2 個尺寸，甚至只出一個標準尺寸，有時真的不清楚適不適合自己，又因為這是衛生用品所以一般無法試用。

目前一般只能先估算自己的尺寸來挑選，避免一開始就選到誤差大、不合適的吸奶器喇叭罩。可參考本書〈插頁：喇叭罩測量尺〉，以便選購適合尺寸的喇叭罩。

吸奶器喇叭罩太小

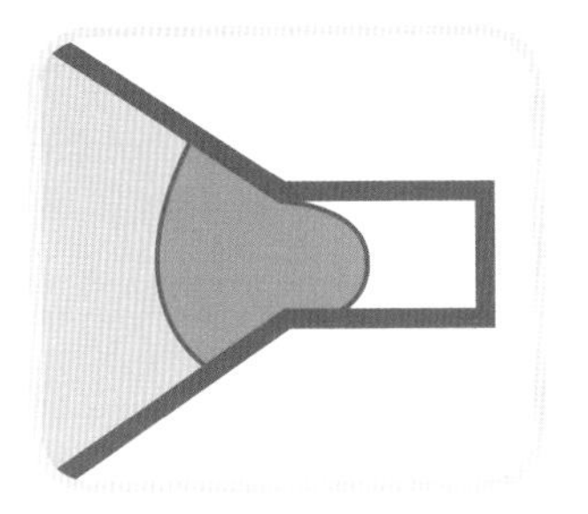

原因：
乳頭已磨擦到喇叭罩的管道。

吸奶器喇叭罩剛好

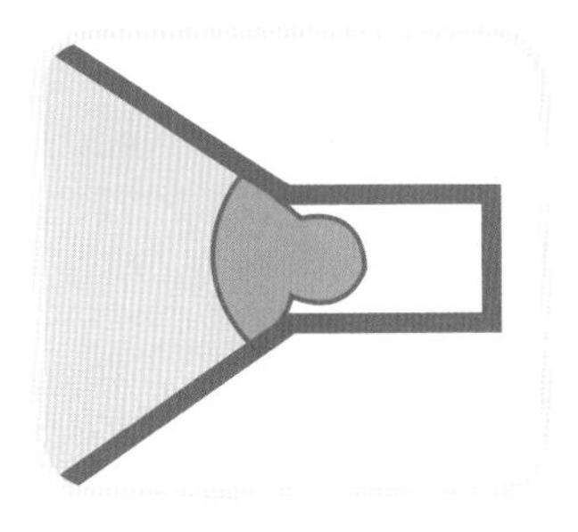

原因：
乳頭或一部分乳暈會進入管道中，可以自由進出不會摩擦到管道。

吸奶器喇叭罩太大

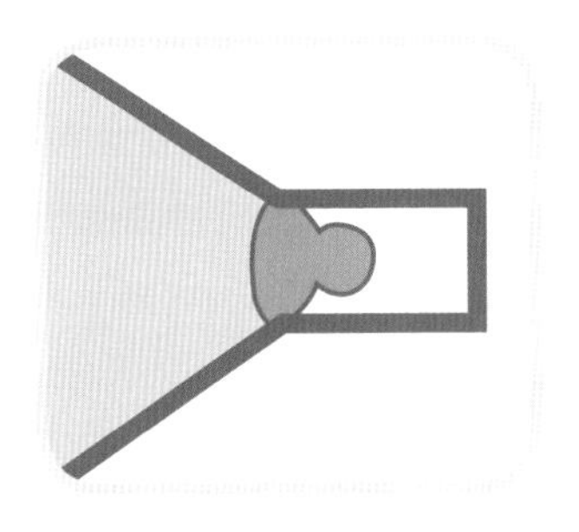

原因：
超過二分之一的乳暈都進入管道中。

正確選擇適合的喇叭罩

乳房正面

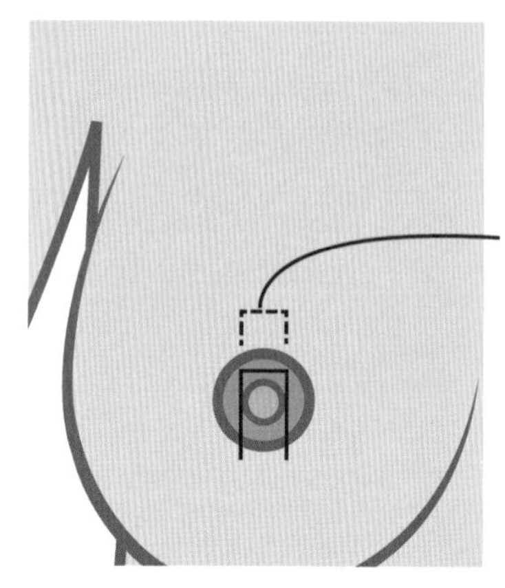

乳房側面

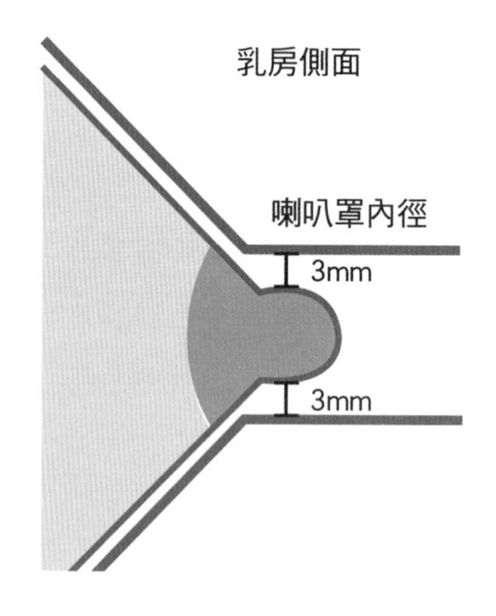

喇叭罩尺寸：

先丈量好乳頭根部的寬度直徑，選擇的喇叭罩管道內徑，要比乳頭寬度多 4～6 mm。

從乳房側面圖來看，乳房罩上吸奶的喇叭罩時，乳頭距離管道約 2-3mm 是最適合的。

7. 寶寶每階段的奶量

親餵

親餵會依寶寶的需求產生供需平衡，實際上也無法準確測量寶寶喝進去多少。只需要觀察小便次數和體重是否增加。小便觀察原則為出生第 1 天至少 1 包尿濕的尿布，第 2 天至少 2 包，依此類推，第 6 天以上每天至少有 6～8 片尿溼的尿布。

體重方面，嬰兒出生 1 週後，體重開始回升；出生 2 週之內恢復到出生體重；頭三個月每 1 週體重至少增加 150 公克以上。

瓶餵

但是，如果是瓶餵的話，很多媽媽會問：「我要如何知道寶寶要喝多少？或是這個年齡最多可以喝多少呢？有沒有公式可以來計算呢？」

根據 Dewey KG 在 1983 年研究有提到 1～6 個月母乳攝取量為 341～1,096ml／天，平均攝取量從 673 增加到 896ml／天。

約翰・霍普金斯醫院
奶量建議標準

1 個月：每餐 60-120 ml

2 個月：每餐 150-180ml

3-5 個月：每餐 180-210ml

4-6 個月：每天 840-960 ml（4-6 餐）

7-9 個月：每天 900-960 ml（3-5 餐）

10-12 個月：每天 720-900 ml（3-4 餐）

※台灣國內 0-6 個月的寶寶的奶量一天也約 570-900ml。

奶量計算原則
每天總奶量＝每公斤×150±30 ml 總奶量÷每日哺餵數＝每次餵奶量。 但是，每個嬰兒的奶量不一定符合標準，原則上發育正常即可。 資料來源：國民健康署孕產婦關懷中心

寶寶體重增長來看，前 6 個月寶寶的體重約每星期增加 0.12-0.25 公斤，後半年增加慢一點，約每星期增加 0.05-0.1 公斤，所以寶寶大約 4 個月的體重約為出生的 2 倍，而到了 1 歲約為出生的 3 倍左右喔。

根據國際認證泌乳顧問 Kelly Bonyata 提到，0～4 個月的寶寶平均一週會增加 155～240 克，4～6 月一週會增加 92～127 克，到了 6～12 月的寶寶一週會增加 49～78 克，另外 J Pediatr 在 2004 研究中也提出在足月生、體重大於 2500 克的健康寶寶，前 6 個月平均每天會增加 26.12 克，而在第一個月男寶寶甚至可以一天增加 36.24 克，女寶寶一天增加 35.3 克。特別提到這個是因為體重增加幅度有一些範圍，會根據寶寶大小年齡週數、餵養方式或營養保健等而產生差距。

雖然國健署的資料及衛教資料有提到：前 6 個月每週至少增加 125g，然而現在卻越來越多臨床顯示，都會希望如果發現體重在出生 7～10 天還沒回到出生時的體重，或是體重增加很緩慢的話，或落在可接受範圍的最低體重時，就要提高警覺了！媽媽必須特別留意哺乳或寶寶生長發育的情形。

如果早期介入，評估看看可能是什麼問題，發現可能的原因並減少生長遲緩的狀況，如果有疑問，就要趕緊尋找專業諮詢或醫師協助。

計算上：

比如寶寶 3 公斤，4 小時 1 餐：

$$3\times150=450\ (\text{ml}),\ \frac{450\ (\text{ml})}{6\text{餐}}=75\ \text{ml}\ (\text{如果 8 餐}=56.25\ \text{約}\ 60\ \text{ml})$$

$$3\times180=540\ (\text{ml}),\ \frac{540\ (\text{ml})}{6\text{餐}}=90\ \text{ml}\ (\text{如果 8 餐}=67.5\ \text{約}\ 70\ \text{ml})$$

出生 3 公斤的寶寶，4 個月的時後體重會大約 6 公斤，到了一歲大約 9 公斤囉！

寶寶大多一餐會喝 75～90 ml 左右，但是臨床上也會看到有些高需求的寶寶可能會喝到 100 ml 了呢。但也有寶寶喝 60～70 ml 就不喝了，但是會要 3 小時就想喝！一般瓶餵也會 3～4 小時就會餵寶寶，並不會一定要規定 4 小時才喝，還有，我們大人也會有大小餐，寶寶也會有喔，有時這餐可能會喝少一點，下一點提早醒或是喝多一點也是很常見的喔。

CHAPTER 6

又一句「為母則強」，你不必當超人！

本章重點

看到很多媽媽，常常會因為別人對她說：「為母則強，你要堅強。」所以強忍身體上的不舒服，縱然是剖腹或甚至會陰裂傷，也忍著痛，告訴自己「為了寶寶，不管多累多痛，也要咬牙撐過」；也碰過媽媽問我：「我也是第一次當媽媽，但是為什麼什麼都要會。照顧寶寶要會，親餵要會，連奶量也要多！」我真的看到太多媽媽，為了哺乳喘不過氣，讓自己受傷，背負種種的壓力，看到這些真的很心疼。

本章提到很多媽媽們常碰到的問題，也希望藉由這樣的問題讓更多媽媽看到，也希望更多家人看到、知道，體會產後媽媽除了身體疼痛之外，還有心靈及道德的綁架。關心是很棒的事，但是過度關心的壓力是很煎熬的。我想說的是——媽媽你不必當超人。

1. 小奶不等於沒奶

乳房的大小跟奶水量沒有關係，因為製造奶水是乳腺中的泌乳細胞負責，而乳房大小則是跟脂肪及結締組織的多寡有關。脂肪細胞並不會產生奶水，當然如果以大小來看，與儲存的量有一點關係。儲存的量是乳房在哺乳之間可以保存的量，但是這又因人而異。

多餐即可供應寶寶所需

不管如何，媽媽的乳汁儲存量無論是多是少，都可以提供寶寶足夠的奶水。儲存量比較大的媽媽，在兩餐之間哺餵的時間可以長一點點，不會影響寶寶所需；如果儲存量比較小的媽媽，只要頻繁的擠出乳汁，身體就會趕緊製造，加快補充奶水，一樣可以滿足寶寶的需求。就好比一個杯子，不管杯子多大，你都可以每天喝很多水。如果用小杯子，喝頻繁一點，倒更多次的水，這樣就跟用大杯子喝水的水量一樣！

有位媽媽與我分享，她說：「我的胸部很小，但是我很勤勞親餵。如果寶寶沒有認真吸，我也會擠出來。我很重睡眠，所以常會利用時間補眠。剛開始以為我胸部這麼小，一定沒奶，所以已經做好最壞的打算了，家人也是這樣想的，心想反正沒有，或是很少的話，頂多就是補配方奶囉！而且我媽媽還跟我說：『以前沒有人在說母乳，我們也不懂，所以你們三姊妹也是幾乎喝配方奶長大的啊！』媽媽這樣說，幫我打了一劑強心針呢，頓時心中的壓力就沒了。沒想到，我居然也有奶耶！而且幾乎剛剛好足夠寶寶喝，一點點庫存很快就喝掉了，超級開心。誰說小胸部沒有奶呢！」

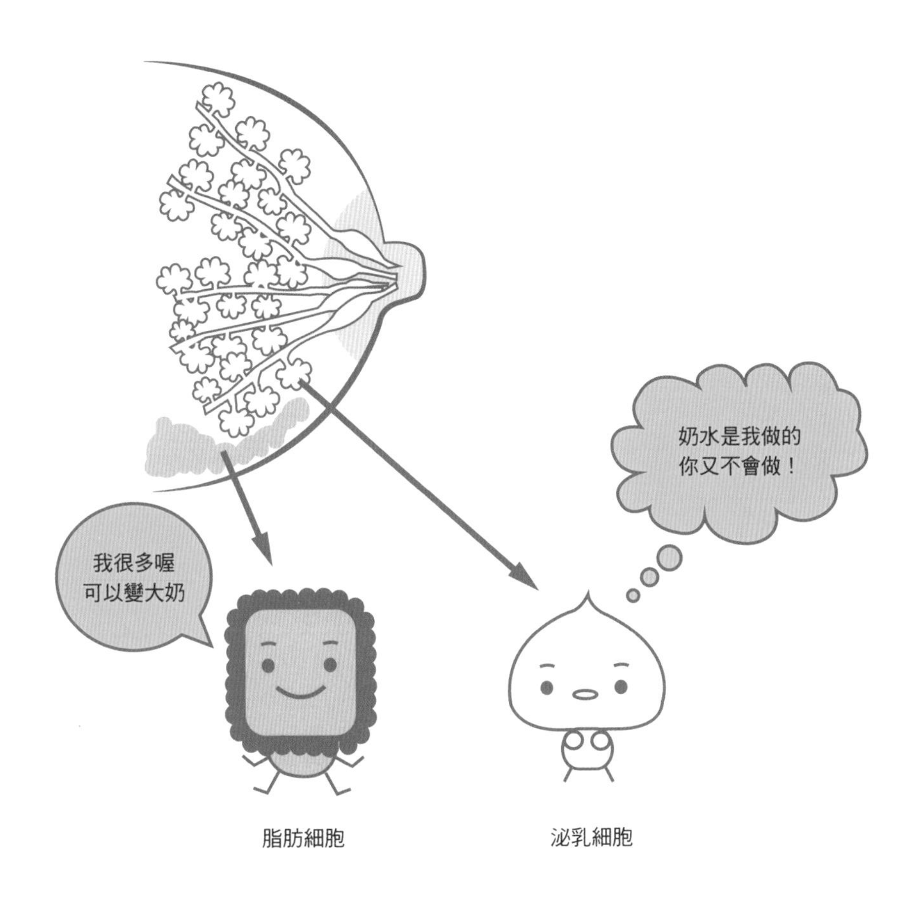

2. 誰說不脹就是沒奶

媽媽愛的壓力

曾經有一位媽媽的狀況，是我從事臨床工作這麼久以來初次碰到。媽媽產後第 6～7 天，剛好我上親職教室結束，媽媽來找我，她

描述到今天為止，沒有一點脹奶的感覺。的確，大部分媽媽到這個階段都會有脹奶感，但還是有些媽媽不會脹奶。這位媽媽說：「湯湯水水喝很多了，睡眠也睡得很不錯，本來想說原本就不抱希望，但還是想應該會有一點點吧！至少努力過了，但是我真的一滴奶都擠不出來。」我後來幫媽媽做乳房按摩，教導並協助她用手擠奶，結果發現真是如此，我也擠不出來！

我除了給予媽媽心理支持，並衛教媽媽，若是寶寶要喝可以先親餵看看。若寶寶不吸，還是一樣繼續做一點按摩刺激，用手擠奶試試看。到了第二天，媽媽說寶寶一吸就大哭，而且一樣一滴都擠不出來。於是我再次幫媽媽乳房按摩及做相關衛教，也前往嬰兒室詢問寶寶平常含乳的狀況，護理師表示，協助親餵的時候，寶寶一碰乳房就大哭。曾有一次回嬰兒室之後，以為太好了，看到寶寶嘴邊有媽媽的一滴奶水，但是發現那只是寶寶的口水。另一位很資深的護理師也說，曾幫媽媽擠過好幾次奶，也覺得太神奇了，怎麼會擠不出來，一滴都沒有，這是她從事產後護理以來第一次碰到的情況。

後來媽媽的家屬很緊張，前來詢問狀況，此時剛好遇上婦產科醫生巡診，醫師告知媽媽，他的確碰過有些媽媽真的奶量很少，幾乎沒有；然而也知道母奶最好，但是如果真的沒有，也可以喝配方奶。

家屬還是很希望能餵寶寶母乳，我說：「我也會盡力幫媽媽，一起試試看。」再隔一天過去，媽媽表示很感謝，但她還是擠不出來，認為如果還是沒有，那就這樣吧！我說服媽媽再來一起試試看，這次，發現有了耶！太開心了，我說：「媽媽，有了耶！我們來擠奶看看吧！」後來擠出了快 30 ml 的奶水。哇！真的超級開心的，媽媽也超開心。擠完奶後，她立即拿出相機拍照，準備與家人分享喜悅。我深深體會感受到，那是媽媽愛的壓力。之後追蹤這位媽媽的情形，後來都可以每次擠奶 90～100 ml 了呢。

有一位媽媽分享，她奶量很少，也沒脹奶。但她會調整給自己的壓力，偶爾看看開心的電視節目，或跟另一半來個小小約會。如果寶寶願意就讓寶寶吸，或是規律地移出乳汁。這位媽媽回家後，心情放鬆、身體也沒有不舒服。在家人的支持下，她現在全親餵成功，寶寶也長得很好。所以不是沒有脹就是沒有奶喔！

不漲奶好輕鬆

有一位奶水超多的媽媽表示：「很多人都羨慕我，其實我羨慕的是我朋友，那種沒有脹奶又還有奶的人，甚至可以供需平衡，也不需要凍奶，真的是最高境界呢！我奶太多脹起來太痛苦了，也很容易一不小心留意吃的東西，或是延遲擠奶一下子就塞奶了。」媽媽很可愛的說：「我小小抱怨一下就好，否則會有人想打我吧！」

3. 不要讓關心變成壓力

「你的奶有變多嗎？」

曾經有一位媽媽，她總是很樂觀，每天看起來心情都很好、很開心，媽媽一直說：「其實我並不在意奶量，家人也都說沒關係，我對自己也非常好。」但是言談過程中，媽媽實際上一直在問如何增加奶量，她說自己看了很多書，有人說吃什麼食物可以增加奶量，她一定立馬去試；或是先生聽到了也會趕快買回來給她吃，但似乎奶量還是一樣，沒有特別的效果。雖然媽媽一直表示不在乎，但是卻透露出覺得自己對家人及先生不好意思。這位媽媽的先生原本是不下廚的人，但是為了她，希望她增加奶量，每天煮湯帶來給她喝；另外，家人也是如此，每次探望媽媽時，都會帶來很多湯品。他們真的都很關心媽媽，但是也會常常無意間問媽媽：「你的奶有變多嗎？」雖然媽媽說沒關係，但其實這些關心的舉動，真的已經無形中帶給媽媽壓力了。因為媽媽覺得不好意思，怎麼自己都這樣補了，奶量還是沒增加，所以拼命尋求增奶的方法。

請默默給予心理支持就好

壓力並不是自己說沒有就沒有，其實都瞞不過大腦。前面常提到，催產激素會讓肌肉細胞收縮，所以可以讓噴乳反射順暢；然而在有心理壓力之下，會抑制這樣的作用，也就是奶水出來就沒這麼順了。所以，應該讓這樣子的關心，慢慢轉化觀念——媽媽要告訴自己「我盡力了」，也讓家人知道，寶寶還是持續一直喝到我的奶水。只要我持續擠奶，寶寶一樣可以喝很久。另外，家人的關心，需要慢慢溝通，或許不用每天都給湯水。媽媽自己不要想太多，只要想著家人單純希望我補身體；也或許讓家人知道，默默給予心理支持的重要性，這樣就可以了。

就像是自覺考不好的人，最怕別人問：「考得如何？」；找工作的時候，最不想親友見面就問：「工作找到了嗎？」；女人三十多歲時，最不喜歡被問到：「什麼時候交男朋友啊？」；結婚的人想要生小孩，但一直努力卻沒有消息，也最怕別人問：「準備什麼時候生小孩？」或是也有些人懷孕後最怕被問：「寶寶是男生，還是女生？」這些都是我們常見也常聽到的問題，很多時候這些都代表著關心，但是往往真的變成了壓力。

所以，不要問餵母乳的媽媽：「你有奶嗎？你的奶夠寶寶喝嗎？」這些話真的真的會讓人捶心肝，有時也會使媽媽無名火都上來了；也或者真的常常讓很多媽媽們傷心、難過、自責，連憂鬱都找上身來。不要讓愛、關心、好意，變成了媽媽們的壓力鍋，當壓力到極點就會噴發。請多給予媽媽一些支持、同理、稱讚、陪伴喔！

4.「親餵能增加奶量」這句話只對了一半

常常媽媽會認為，自己一直在親餵，每天就像書上寫的一樣啊！不限次數、依寶寶的需求。寶寶一直在我身上，一天至少餵 12 次以上了，每一次都吸很久，可是我還是沒有增加奶量，為什麼？不是說「親餵能增加奶量」嗎？沒錯，但是這只對了一半。

必須有效吸吮

親餵增加奶量的前提——有效吸吮。寶寶正確含乳，媽媽哺乳應該是很輕鬆的。想一想，每天親餵 8～12 次或者更多，如果媽媽沒有放輕鬆，必須一直低頭看寶寶到底喝得如何，幾天下來，應該很快就會肩頸痠痛了；而寶寶的姿勢也是非常重要。在含乳過程中，媽媽不應該感到疼痛，吸完奶後媽媽也能感受到移出乳汁的舒適感。另外，媽媽的心情、情緒、身體的疲倦及壓力等，也都會影響奶量，而且影響很大。

增奶的不二法門——移出乳汁

常有媽媽表示，寶寶吸完奶後，她覺得乳房變軟，過程也不會疼痛，也聽到寶寶的吞嚥聲，但是現在寶寶需求變大了，奶量不夠，希望可以增奶。碰到這樣的狀況時，我會建議媽媽：「一般親餵完，不需要再擠奶。但是如果親餵完後，媽媽若覺得乳房變軟，但是又想增加奶量，那麼可以親餵完再試著擠出一點點乳汁。」回到前面的泌乳機制第三階段，若是這階段移出越多，奶水補進去的速度會變快、變多，大腦知道你很需要，所以就會趕緊製造，趕緊做便當給寶寶。

轉念一想，重拾快樂的母子時光

有一位媽媽一開始非常努力親餵，因為認為這樣可以增加奶量，而且大家都說這樣對寶寶才好。但她經歷乳頭破皮的疼痛，實在太痛了，寶寶也不賞臉，後來這位媽媽決定改用瓶餵。她說因為覺得這樣她自己心情會比較好，不會一直想寶寶喝的狀況，擔心寶寶有沒有喝到，擔心自己的乳房是不是又要受傷等。她規律移出乳汁，心情放輕鬆，後來奶量慢慢上來一些，上來一些之後更有信心了，中間寶寶有一點想喝時，也會試著讓寶寶吸，或偶爾做點肌膚接觸，但是不強求、不勉強，寶寶不要的話就改瓶餵。媽媽說：「當我這樣轉變之後，奶量真的有多一些。雖然不是非常多，但已經覺得很開心，也可以偶爾享受跟寶寶的親密接觸，以及真的享受抱著孩子的幸福感，真好。不像之前因為一直執著於奶量或是親餵，搞得自己很焦慮，不是以前樂觀的自己了。」媽媽還說：「現在晚上也不用調鬧鐘擠奶，可以一覺到天亮，也不會被脹醒，蠻好的啊！」

5. 為母則強，流血也要餵嗎？

臨床上真的很常碰到類似的狀況，爸爸們不了解媽媽生小孩的痛，也無法體會乳房不適的各種疼痛。我會用各種疼痛的感覺形容，讓爸爸有感覺，他們往往就能理解，為什麼媽媽這樣疼痛了。我一直站在媽媽的角度看事情，因為我真的覺得媽媽好辛苦、好偉大。

常常聽到媽媽說：「人家都說為母則強，母乳這麼好，親餵這麼好，我不管流血多痛都應該要繼續餵。」但是往往看到媽媽極度疲倦的樣子，以及乳房破皮流血，還是咬著牙忍耐的樣子，真的令人很心疼。

請傾聽自己的真實心聲

我希望媽媽先靜下心來想一想，你要的是什麼？如果媽媽就是要學親餵，想要享受親餵，卻造成乳頭流血、乳房疼痛，這樣的原因很多，最常見就是寶寶含乳不正確，那麼可能就要調整寶寶的含乳，調整媽媽的姿勢；然而，除了含乳的問題之外，可能還有寶寶本身的問題，可能是口腔結構，可能是習慣快流速的喝法，也可能是寶寶個性的因素；也可能媽媽本身的奶量、體質或是其他因素等。但是只要媽媽願意，媽媽覺得這樣繼續親餵沒問題，都可以慢慢探討、調整，我都會非常支持媽媽。只是這調整的過程，可能不會一下子就成功。

如果媽媽餵母奶真的太過疼痛，太痛苦了，不要去管別人的想法，先問問自己：「你要的是什麼？」若是自己其實不想忍耐，只是因為害怕旁人的言語刺激，那麼就先停止親餵，繼續擠出乳汁，寶寶一樣可以喝到你的奶水啊！等到恢復之後，才有體力跟寶寶繼續磨合呢！

媽媽需要的是同理與支持

我們的確很常聽到有人說：「你知道餵母乳有多好嗎？忍一下嘛！」嘴巴講講很容易，因為痛的那個人不是你啊！我想表達的是，不要被「為母則強」這句話給困住了，累了就休息，不是一定要堅強，想弱就弱，偶爾讓爸爸分擔媽媽的壓力。媽媽對自己好，就是對寶寶好，別再一個人承擔了。母乳之路對有些人來說，天生就不輕鬆。有的媽媽或許親餵一下就上手，有的媽媽卻需要練習、練習、再練習；有的媽媽就是奶量多，但是必須一直忍受塞奶甚至乳腺炎之苦，也有媽媽奶量少，但是追奶追到疲憊不堪，家人不諒解。上述這些都是很常發生的真實故事，親餵很成功的媽媽往往容易對不成功的人說：「親餵真的很棒啊！你為什麼不親餵？」奶量多的媽媽跟奶量少的說：「你就喝發奶茶，然後規律擠奶，就可以源源不絕啦！為什麼要讓寶寶喝配方奶？」這些真的會讓受苦的媽媽感到椎心之痛，心想：「如果寶寶吸得很好，我當然就讓他吸」、「如果我奶多，誰會給孩子喝配方奶」。這感覺像是英文很好的人，跟學英文很久都學不來的人說：「學英文真的不難」；電腦工程師跟不懂電腦的人說：「程式不難學」，可以舉的例子太多了。

我們常常會將自己習慣或是自己會的，覺得別人居然不懂或是為何不這麼做，視之理所當然；但是有沒有想過，曾經你的專業也是一步一步經由學習、努力而來，所以我們應該站在對方的立場與角色思考。產後媽媽有時候真的很脆弱，更需要大家的同理、支持，才能讓哺乳之路更長久。

6. 有一種愛，叫放手

曾有媽媽說她已經退奶了，告訴我她產後經歷的脹奶痛及乳頭受傷的痛，那種痛不欲生的感覺，我真的能理解。

媽媽說產後經歷那樣的疼痛，寶寶不吸的時候，本來決定擠出來給寶寶喝，但是每次擠，量都很少，又一直重複這樣的不舒服過程。她當時一直哭、很痛苦，周圍親友又無法理解，希望她繼續餵母乳不要放棄，她覺得快要得憂鬱症了。還好先生非常支持她，看到她一路走來這麼辛苦，真的很心疼。她最後決定退奶。媽媽來找我，是希望更了解如何照顧寶寶，但媽媽一開始似乎很害怕，很擔心又多一個人會跟她說，母乳很好，不要放棄之類的精神喊話。

我跟媽媽說：「媽媽，我站在你這邊，無論您的決定如何，你已經這麼辛苦懷孕，又經歷那樣的疼痛，你已經很棒了，真的！而且媽媽你餵得還比我多，我女兒只喝了一星期，你還比我多好幾天。我們盡力了，雖然說母乳很好，是給寶寶的第一份禮物，但是沒有持續這不代表我們不愛孩子。有時候適度放手，愛更能長久。」

選擇退奶的媽媽，我們一樣非常愛寶寶，可以從其他方面給予照顧、陪伴、疼愛、關懷，還有教育。如果因為大家的眼光、輿論，而讓自己一直承受這樣的壓力，甚至把自己搞到憂鬱、不快樂，相信寶寶也會感同身受。如果我們自己都生病了，寶寶怎麼辦？我們是因為了解自己而下的決定，所以說有一種愛，叫放手。這時候爸爸扮演一個非常重要的角色，爸爸的支持，以及親友的支持真的很重要。

7. 不要被數字綁架了

如果是全親餵的媽媽，很多人不需要擠奶，親餵很容易就能供需平衡。的確，供需平衡是很多媽媽想達成的境界，但是過程中往往會碰到太多狀況。有位媽媽感嘆的說：「如果我也能這麼順利，我也會選擇全親餵或是全母乳。如果可以，我也不想要配方。」這也是許多無法全親餵媽媽們的心聲。

另外，很多媽媽會執著於每次擠出多少奶量，例如這次擠出 50 ml，所以下次一定也要擠出 50 ml。為此每天把自己弄得很累，因為要達到她希望的量而擠很久；如果沒有達到，便開始擔心怎麼辦，追不上了，可是寶寶一天天長大，需求量越來越多，會不會不夠喝？很多人心存這樣的想法。我經常遇到很多執著於奶量的媽媽，反而有奶水不順的問題；另外，更常見的情況是，媽媽覺得自己好像離目標越來越遠，到最後反而很容易就放棄了。

也有些媽媽，一開始的確很擔憂奶量，但到後來轉念放下，覺得沒關係，寶寶能喝多少就喝多少吧，能吸就吸，我也盡力對自己好一點；若寶寶沒認真吸，我就再擠出來；或有時候因為一些因素沒有親餵，也會規律擠出來。這樣的媽媽偶爾開心跟朋友聊聊天，睡眠充足，調整自己的心態，許多媽媽反而因為這樣奶量變多了，而且重要的是，這樣能餵得更長久。

很多媽媽常會問：「這次寶寶吸了多長時間，所以我應該還能擠出多少奶呢？」但這真的是無法計算。姑且不論親餵的狀況如何，一般而言，寶寶吸吮的量會比吸奶器吸得多；另外，大人會有大小餐，寶寶也會有，而且有些寶寶會很明顯；也會因為寶寶的情緒而改變吸奶量。因此，我想對許多媽媽說的是——先不要一直估算奶量多少，而是想著，不管多少，都是給寶寶喝的；或是好棒啊！寶寶可以持續喝到我的奶水。不要因為一直想著「我一定要擠出多少」，或「怎麼辦我只能擠這樣」，反而讓自己一直很累、很緊張。有時候放開數字的迷思，心中不這麼擔憂時，真的可能會多一些喔！因為心情真的很重要。

8. 媽媽，我要你開心

前面曾經分享，我有過石頭奶，那種痛，真的到現在都還能想像。我的女兒已經 14 歲了，想當年對母乳哺餵方面的推廣真的不多，因為配方奶不便宜，那個年代還覺得喝配方奶很高尚。遇上石頭奶的狀況時，我也不懂得尋求資源協助，現在想想，我在石頭奶之後幾天，突然就不脹了。那時心中放下了一顆大石頭，原來不脹是這麼舒服。直到我開始接觸產後相關專業，並且愛上了這份工作，回想後才發現，原來我當時是因為 FIL 蛋白質的影響。前面曾說明，脹奶就是退奶的開始，真的沒錯。我當時很幸運，沒有因此乳腺阻塞或乳腺炎，然而卻不知道就算不脹了，還是可以有奶，可以繼續親餵、繼續擠出乳汁，只是我不知道，也沒去擠就真的退奶了。回頭想想覺得好可惜，如果是現在，我一定會繼續哺乳。

自己親身體驗過那種石頭奶的痛，真的比剖腹產傷口還痛好幾倍，我真的連呼吸都痛，不敢大力呼吸，不敢翻身，都是慢慢移動，

所以真的很能體會媽媽的疼痛，很心疼媽媽。於是我會站在媽媽的立場，想幫她們解決問題。接觸到很多媽媽因為乳房疼痛，或是因為奶量的問題，非常自責。我回家會跟女兒提到產後媽媽的辛苦過程，女兒聽到後跟我說：「媽媽妳好棒喔！我有喝到一週耶！這樣已經很棒了！」她跟我說：「媽媽你要開心，因為你開心，我就會開心。這句話你也分享給那些媽媽們聽，真的！我們要媽媽開心，我幫那些寶寶發聲。」

CHAPTER 7

常見哺乳問題

本章重點

這個章節提到很多媽媽會有的疑問和誤解，例如：奶水稀就是沒營養嗎？或是哺乳時完全不能喝咖啡嗎？還有，有些媽媽會刻意調鬧鐘起床擠奶，想說因為晚上的泌乳激素比較高，但是往往成效不好，怎麼會這樣？又或者常常有人跟媽媽說：「你就放輕鬆啦！」可是放輕鬆就一定有奶嗎？還有寶寶抗拒乳房，不吸的時候，有沒有什麼方法呢？還有很多人問，麥芽茶會退奶，但到底是哪一種？黑麥汁是發奶，還是會退奶呢？另外，許多媽媽會出現乳暈水腫，這時候有方法可以減輕不適嗎？很多哺乳觀念、相關問題與解決方法都很重要，將在本章中一一解答。

Q1. 奶水很稀，有營養嗎？

一般來說，有些媽媽的初乳看起來似乎清清的，但大部分會比較黃一點、較濃稠。初乳中含有較高濃度 β-胡蘿蔔素，因此通常看起來顏色會比較深黃色；然而隨著時間推移，慢慢變成過渡乳及成熟乳，顏色也會再改變。前後奶也會因為脂肪含量的關係而質地有所變化，一般來說前奶看起來較清，而後奶脂肪含量比較多，所以看起來顏色比較濃白或是微黃。

每位媽媽的母乳顏色或質地，多多少少都會有所差異，但是不管看起來稀一點，或有些好像微黃，都一樣很有營養；而且奶水會隨著寶寶的年齡變化，成分會進行調整，都是寶寶非常需要的營養。

Q2. 忍好久，可以喝咖啡嗎？

很多媽媽懷孕時已經不敢喝咖啡，忍好久了，常會問：「現在產後可以喝一點咖啡嗎？」根據美國兒科學會（American Academy of Pediatrics, AAP）的建議，哺乳期媽媽一天喝咖啡不要超過 3 杯。很多專家也建議，哺乳媽媽的咖啡因攝取量，應每天低於 300 mg；而根據英國的國民保健署（National Health Service, NHS）對母乳哺餵媽媽的建議，每天攝入的咖啡因不超過 200 mg。

所以，媽媽可以喝一點咖啡，只是一般仍建議少量攝取，像是半杯就好，頂多一杯。透過母乳，寶寶大約喝進 1%。如果量很少，寶寶喝到時不會有明顯反應。但是，有些寶寶真的表現出比較煩躁、精神很好、想睡睡不著，需要更多時間來哄睡，如果這樣的狀況時會建議媽媽，擠完奶馬上喝。因為喝完咖啡約 60 分鐘後，濃度會達到高峰，等到下次要擠奶的時候，濃度就下來了。所以建議不要在兩餐中間喝咖啡，因為剛好等到擠奶或餵奶的時候，乳汁所含的咖啡因濃度最高。如果還是不放心的話，可以選擇在早上喝咖啡；或是喝完咖啡後，擠出的那次奶水，盡量讓寶寶在白天喝掉，這樣寶寶才不會晚上精神太好，不睡覺。

另外，特別提醒，如果寶寶是早產兒的話，寶寶要排出體內咖啡因的時間會比足月兒更久，所以建議喝咖啡的量要更少一點比較好。

請媽媽們注意，咖啡因不是只有咖啡，很多茶、巧克力或是可樂等，都有不少咖啡因喔！

Q3. 調鬧鐘半夜起來擠奶，奶量會變多嗎？

根據研究發現，晚上的泌乳激素比較多，所以很多媽媽都會半夜起來擠奶。但是媽媽多半晚上從床上爬起來時，還是非常想睡、很累，硬撐著擠一下奶，此時媽媽發現，不是說半夜會比較多嗎？在這樣的狀況下，往往奶量沒有比較多，甚至有時還比早上少一點。媽媽問：「怎麼會這樣？我很努力調了鬧鐘起來擠奶。」

在晚上，泌乳激素比較多，然而確切時間卻各有說法。有人認為在凌晨 3～5 點會比較多，也有一說是凌晨 2～6 點濃度比較高；也有研究指出，睡眠開始時泌乳激素會上升，在清晨的時候達到最高峰；另外的說法是，在睡眠期間的快速動眼期（REM）與清晨時間，泌乳激素濃度達到高峰，並未特別具體指出幾點到幾點。

所以通常這樣的狀況下，建議媽媽，如果已經是泌乳第三階段了，也就是乳房會自行控制，不必刻意調鬧鐘起床擠奶，不需這麼累了。因為如果媽媽在很累很想睡的狀況下，勉強自己起床，那麼也會抑制噴乳（催產激素）反射，可能奶水出來沒這麼順利，所以擠出來的奶量也不多，不如好好睡上一覺。如果媽媽睡得好，泌乳激素分泌比較多，往往早上起來會發現奶量真的變多了。

如果媽媽是因脹奶而晚上醒來，那麼就可以起身擠奶，擠到乳房舒服了；如果脹奶但沒醒過來，媽媽在早上醒來的時候，再擠奶即可，但會建議白天要很頻繁移出奶水，這點很重要，因為要告訴大腦，你很需要奶水。

Q4. 放輕鬆就一定有奶？

相信應該很多人都常聽到這句話：「媽媽你就放輕鬆啦！放輕鬆就有奶了。」

但是只要放輕鬆就一定會有奶嗎？前面提到，光是親餵，影響奶量的因素就各有不同，例如：含乳正不正確、餵奶姿勢、媽媽的感受，還有哺餵頻率等；如果擠出來瓶餵，也要考慮媽媽是不是很疲累、傷口會不會很痛、子宮收縮的情況，以及媽媽本身是否有其他的身體疾病，再加上乳房的狀況、擠奶的方式或是擠奶器等，很多影響奶量的因素。另外，讓媽媽放輕鬆，不是她覺得自己放輕鬆就好，有時候還有一些無形的壓力，都會成為影響因素。

常常我們也會跟別人說：「你只要多看書，認真讀書，就會考好。」但是這樣就能成功嗎？或是說：「你努力找工作，一定會找到很棒的工作」、「努力工作一定會有錢。」沒錯，努力不一定會成功，但是不努力會離成功越來越遠。雖然說放輕鬆不一定有奶、不一定奶量多，但媽媽的放鬆與好心情真是影響的關鍵因素喔！所以媽媽又聽到這句話的時候，可以先排除影響奶量的負面因素，再調整自己的心情。放鬆自己，愛自己多一點，吃點令人幸福的食物，跟另一半甜蜜約會一下；或是對著乳房冥想，想像自己的乳房像噴泉一般，一直噴、一直流出奶水；或者有空時去做 SPA，按摩一下堅硬的肩膀；讓自己好好睡一覺等。或許你會發現，心中放輕鬆時，真的奶量就上來了或是更順暢！

Q5. 常見發奶及退奶食物是什麼？

關於發奶及退奶食物，在此列舉一些比較常見的食物，整理成表格方便查看。

常見發奶／退奶／塞奶食物		
發奶	退奶	塞奶
雞肉、牛肉、鮭魚、鱸魚、蛤蜊湯、青木瓜燉排骨、杜仲牛肉湯、豬腳花生湯、山藥排骨湯、蝦、雞精、雞蛋 絲瓜、筊白筍、菠菜、海帶芽、紅蘿蔔、豌豆	韭菜、人參、大麥芽、白蘿蔔、花椰菜、多數瓜類（例如：苦瓜、絲瓜）竹筍、牛蒡、蘆筍、大白菜 梨子、水梨、柿子、西瓜、鳳梨、香蕉	漢堡、披薩、炸物（例如：雞排、薯條）、麻辣鍋、油飯、肉粽、起司、巧克力、麵包、餅乾、精緻澱粉製品（例如：蛋糕、甜點）、糕餅類（例如：鳳梨酥、月餅、喜餅）、奶油、

常見發奶／退奶／塞奶食物		
發奶	退奶	塞奶
黃花菜、蓮藕、豆腐、燕麥、花生	咖啡、薄荷、菊花茶、麥茶	奶精
鳳梨、芝麻、榴槤、木瓜、香蕉、柳丁、酪梨	豆豉、花椒	全脂牛奶
黑麥汁、黑糖水、豆漿、黑豆水、鮮奶茶、紫米粥、燕麥粥、酒釀蛋花、泌乳茶、桂圓紅棗茶、珍珠奶茶、優酪乳、酪梨牛奶	鼠尾草、百里香、茉莉花	芭樂、櫻桃、柿子、未成熟香蕉、杏仁
葫蘆巴、黃耆、山藥、通草、茴香、白朮、王不留行、幸福薊、當歸、香菜種子、山羊豆、天竺葵、啤酒花		

食物的效果因人而異

上面列出一些大家常見覺得容易影響奶量的食物表，但那不是絕對，每位媽媽還是有一點差異。例如：有人吃鳳梨覺得很發奶，但也有人覺得退奶；或是我們覺得西瓜會退奶，但在美國人看來卻是哺乳期很棒的水果！還有人說絲瓜會發奶，但也有人覺得會退奶。另外，國外很多人會推薦葫蘆巴（*Trigonella foenum-graecum*），紐曼醫生也有提到，葫蘆巴是中東國家常用來泌乳的草藥。在埃及的研究中發現，葫蘆巴會促進產後早期的泌乳量和泌乳激素。臨床上遇過很多媽媽覺得葫蘆巴真的很有用，但也有媽媽表示沒什麼感覺。

國外很常推薦大蒜，認為是很好的增奶食物，但也有媽媽反而覺得容易退奶。蘆筍也是國外認為的增加奶量食物之一，但卻列在我們的退奶食物清單中。

有人說食物太多了，沒辦法記住，所以可用簡單的分類法來思考，這種方法也不錯。例如：哺乳媽媽應選擇優質蛋白質，像是雞肉、魚肉、豆類；另外像是堅果和種子等好的油脂；重金屬含量較低的冷水魚；冷榨油、生堅果和酪梨等。避開或少吃含反式脂肪及飽和脂肪的食物。另外，多吃補血及含鈣量高的食物。

食物屬性與喜好的影響

如果從中醫的角度來看，乳房屬於脾胃所管，脾胃是奶水來源之本，所以常說脾胃的功能不佳，會導致奶水不足或是氣不順，也會導致無法分泌奶水，所以要調氣、養氣、補氣。因此，很多中藥都是針對健脾開胃及理氣、補氣。依照中醫理論的食物屬性來看，例如：吃涼性、寒性的食物，會造成氣血流動變慢，而影響乳房水氣的代謝，所以也容易退奶，那麼就會盡量避免或是少用，或是加入其他食物來去除寒性。

想特別提及，很多食物雖然有屬性問題，但是我們的喜好、心情及情緒也有很大的影響。像是韭菜，幾乎被認定是退奶食物，但是也曾經有媽媽說，她超愛吃韭菜，而且她吃到韭菜不覺得退奶，反而似乎多了起來。許多媽媽覺得喝奶茶很有效果，除了它是發奶食物之外，另一部分的原因是大多數媽媽都喜歡喝，喝完帶來幸福感。的確，幸福感會增加催產激素，促進噴乳反射，所以心情對於奶量也影響很大。

退奶沒那麼容易

當然，如果是公認的退奶食物，還是建議媽媽盡量少吃一點。另外，媽媽要記得，就算不小心吃到退奶食物，也不會因為一兩次就馬上退奶。如果這麼神，那就不需要退奶藥了。

有些媽媽因為吃到別人說的退奶食物，自己很緊張，擠奶時似乎變少一點，於是自己拉長時間擠奶，希望擠到跟之前一樣多的奶量。沒想到時間越拉越長，奶量也越來越少了，媽媽因此認定就是因為被這個退奶食物影響。根據前面一直提到的觀念，因為每次擠奶時間拉長，每餐中間的時間也因此拉長，讓大腦覺得你久久才擠出乳汁，似乎不是很需要，所以不需要產出這麼多乳汁，於是做少一點、做慢一點。惡性循環之下，覺得你根本一直在減少次數……最後就罷工了。

麥芽的功效

很多媽媽會詢問關於「麥芽茶」退奶的問題，「麥芽」到底是哪一種品種？有人稱為發奶聖品的黑麥汁，到底會不會退奶？以及麥茶會不會也是退奶飲品呢？

根據研究，麥芽會抑制泌乳激素的作用，主要原因是含有麥角胺、維生素 B6、生物鹼等。

首先，讓我們先了解什麼是大麥。下頁那張圖，左側是大麥；右側是黑麥。幫助退奶的「麥芽」，就是由大麥成熟後的果實，發芽乾燥後的「麥芽」。

• 左邊為大麥；右邊是黑麥。

那為什麼讓它發芽呢？因為，大麥在種子時，水分含量很低，活性也很低，但浸泡過水的大麥，也就是發芽的過程中，水分含量增加，代謝活動增加，激活許多酶及蛋白質的作用，也就是功效更好了。

那麼，「生麥芽」跟「炒麥芽」有什麼差別呢？當剛剛所說的大麥發芽後，長至約 0.5 cm 時，曬乾或低溫乾燥就成了麥芽。我們常說的麥芽有三種：

❶ 生麥芽：將雜質篩去灰屑。

❷ 炒麥芽：取淨麥芽，清炒，炒至深黃色。

❸ 焦麥芽：取淨麥芽，清炒，炒至焦黃色。

• 炒／焦麥芽

• 生麥芽

那如果真要退奶，生麥芽還是炒麥芽的效果好呢？

根據《河南中醫學院學報》的研究，使用生麥芽回乳（退奶）的效果比較好；而《環球中醫藥》的臨床報告，觀察 140 個案例，比較生麥芽與炒麥芽的效果，結果發現兩者差異不大，同樣有不錯的退奶作用；《藥師週刊》的研究指出，退奶的有效率分別為，生麥芽約 61%，炒麥芽約 85%，而混合（一半生麥芽，一半炒麥芽）約為 78%，此結果是炒麥芽略勝一籌。

量是關鍵

有人說生麥芽為發奶作用、炒麥芽為退奶作用，也有人說，不管生、炒麥芽，都可以發奶及退奶。這些不同的說法，主要是因為量的影響。

怎麼說呢？根據賴宥菊藥師發表於《慈濟醫療人文月刊》中的內容，麥芽小量使用可以消食開胃，幫助消化吸收，增加氣血生成，促進乳汁分泌；大量或是長期使用則會耗氣散血，從而達到退奶或斷奶的目的。

在《中國藥典》中，麥芽用量為 9～15g，回乳（退奶）妙用為 60 g。麥芽功效分為：

❶ 生麥芽：健脾和胃通乳，用於脾虛食少，乳汁鬱積。

❷ 炒麥芽：行氣清食回乳，用於食積不清，婦女斷乳。

❸ 焦麥芽：消食化滯，用於食積不調，脘腹脹痛。

而《時珍國醫國藥》的研究探討中提到，生麥芽通乳量在 30 g 以下（中醫學為 10～15 g）；生炒可單獨使用於回乳（退奶）的量為

60～120 g；或是兩者混用（各 60 g）也可以。所以麥芽的退奶與發奶的作用，不在於炒與否，而在於量的差異。所以若是要退奶的話，生或炒麥芽其實都可以，但重要的是使用較多的量。

依據美國國家醫學圖書館（LactMed）當中的文獻資料，關於大麥的研究報告指出，大麥含有澱粉、膳食纖維（如β-葡聚醣、澱粉酶），大麥中的多醣可以增加奶量；且在一些動物實驗上也發現，大麥中的多醣可以增加泌乳激素。所以在美國，大麥是很常見的哺乳飲品。雖然這篇資料並沒有說明攝入量，但推論如同前述所說，少量的大麥可以增加奶量。

黑麥汁

黑麥是一種比較新的穀物，又稱為裸麥，所以並非大麥喔！

黑麥汁的成分是什麼呢？一般市售黑麥汁成分包括黑麥芽、水、啤酒花等等，但也有些黑麥汁是以大麥芽為主。有些媽媽喝黑麥汁結果減少奶量，會以為是不是喝到大麥芽成分的黑麥汁。事實上，我的經驗是喝大麥芽黑麥汁的媽媽，只要不是當水喝，而是適量喝，還是會增加奶量。另外，說到啤酒花，某些研究證據表明，啤酒花中的多醣可以增加泌乳激素，所以在美國同樣也是常見的發奶草藥之一。

有位媽媽問：「隔壁的媽媽一天喝一瓶黑麥汁，說很發奶。我請先生去買一大箱回來，每天想到就喝，當水喝，想說可以發奶，一天喝好多瓶，可是怎麼奶變少了呢？是因為我買到的是大麥芽黑麥汁，是嗎？」這樣確實有可能，符合大量的麥芽具退奶效果一說。但是，造成退奶的因素還有很多喔！

市售麥茶

常聽說麥茶可以改善消化不良、增加食慾，如同前述所說，少量的生麥芽可以健脾開胃。麥茶的成分是大麥，雖然說是大麥，其實是用大麥種子煎焙或是磨成粉，製成茶飲。與大麥芽相比，大麥許多成分的濃度較低，例如維生素 B6，每 100 g 大麥種子含 0.318 mg，而大麥麥芽粉，每 100 g 有 0.655 mg，足足超過兩倍。又回到前面所說的，若是大量飲用的話，還是要留意會有退奶的可能喔！

再次提醒，許多媽媽只要一發現發奶的食物或草藥，就會大量攝入，像是當水喝或是拼命吃，但是大量的結果，有時反而可能造成身體不適；或是有些媽媽因體質關係，原本吃多這類食物就容易不舒服，但卻為了效果拼命吃，反而可能造成反效果。如果媽媽本身有一些疾病，還是需要先請教醫生再吃，比較安全喔！

Q6. 寶寶一直吸奶，一放下就哭，是怎麼了呢？

「寶寶一直吸奶，一直掛在我身上，一放下去就哭了耶，不知道是怎麼了？」

別擔心，產後那幾天這種情況經常出現，因為寶寶一下子就餓了，所以一放下就哭，想要常常黏在媽媽身上，是很正常的。寶寶剛出生時，胃容量很小，所以會一直跟媽媽要奶喝（當然還需確認寶寶的含乳狀況等）。先單單針對胃容量小，寶寶就會很常一直找媽媽了；另外，還有想尋求安全感。有時候寶寶哭，不見得是肚子餓，是想要抱抱，想要我們的愛。想想我們期待了這麼久才生下寶寶，而寶寶卻是在媽媽肚子裡生活這麼久，突然出來了，或許有時候還不知道自己在哪裡，真的會害怕，所以需要更多的安全感。

有時候寶寶哭，可以先確認是不是生理的需求，像是肚子餓、尿布濕，或是腸蠕動的不舒服、環境冷熱等；還是害怕這個環境、沒有安全感。如果已經產後幾週，也排除上述造成寶寶哭鬧的可能因素，但寶寶還是一直掛在媽媽身上，一直要喝奶奶。一來是因為寶寶的需求量變多了；通常媽媽的奶量也會隨著寶寶的需求變多。若是媽媽覺得奶量似乎變少，或是每次親餵完還是需要補，那就要確認寶寶喝的狀況與生長發育。另外，也需要評估媽媽本身的情況，如果有需要，媽媽可以尋求協助。寶寶哭鬧當然也可能是生病了，如果異常哭鬧，務必詢問專業的醫護人員，找出可能的原因。

Q7. 寶寶吸幾分鐘就睡著了，怎麼辦？

「我親餵一下下，寶寶吸沒多久怎麼就睡著了？」通常這樣的情況，我首先會問：「房間是不是太過溫暖了？」很常碰到我們一進房就覺得好熱，快流汗了，像這樣的環境就太溫暖了，寶寶真的很容易會睡著，可以調整溫度試看看。另外，不要把寶寶包得太緊，也不要穿太多。如果可以，讓寶寶的手都露出來，不要用包巾綁著。若是寶寶吸了一下子，發現嘴巴沒怎麼動了，媽媽這個時候可以輕輕加壓一下乳房，或是稍微輕輕按摩乳房。你會發現，寶寶嘴開始動，就開始吸囉。這是因為流速變慢，讓寶寶很容易就睡著了；而加壓或按摩乳房，會讓流速變快，所以寶寶就開始吸了。

寶寶睡著時，可以輕摸寶寶的頭、腳、耳朵等，也可以試著叫醒寶寶或是幫他換尿布。通常換尿布很容易叫醒寶寶。

以上這些方法，都可以試試看。

Q8. 親餵的話，怎麼估算奶量？

「我親餵的話，怎麼知道喝了多少呢？」這是哺乳媽媽的常見問題。的確，親餵無法知道寶寶喝了多少量，而且不能用平常擠出多少奶量來推估（通常親餵寶寶喝的量，會比實際擠出來還多）。想了解寶寶喝的狀況，一般會詢問媽媽的感覺，像是：「寶寶吸完後，媽媽有沒有覺得乳房變鬆軟、很舒服，還是覺得脹脹的？」；再來是寶寶吸的狀況，像是「寶寶有沒有認真吸，是否有效吸吮」等，都是乳汁量的相關因素。另外，評估寶寶生長狀況與大小便等。

常有媽媽覺得：「寶寶吸得還不錯，胸部也覺得舒服了，但怎麼回嬰兒室還能補不少的奶水或配方給寶寶喝，所以寶寶都是在空吸嗎？還是我沒奶？」；也或是：「寶寶原來這麼會喝，要喝這麼多嗎？」說到這個，我用我女兒的例子來舉例，我女兒跟我說：「媽媽，我剛剛吃超級無敵飽了，吃不下啦！」但是我一拿出甜點，她馬上就會說：「沒關係，我還有甜點的胃，還有水果的胃，還是可以吃很多。」類似的話我們也很常聽到，對吧，而且會驚訝的發現，自己居然能吃這麼多！所以，我們的胃具有彈性，寶寶的胃也是一樣。寶寶本來就有吸吮反射、吞嚥反射，所以再給寶寶瓶餵時，寶寶吸，奶水流出來，寶寶就會吞嚥；當然，如果太飽了，寶寶會吐出來，或是

將奶瓶吐掉。

親餵的確是無限暢飲的概念，曾有媽媽試著計算擠出多少奶量，希望知道寶寶吸了多少。這位媽媽算一算自己有多少乳管會噴奶，而且一次噴多久，擠奶過程噴了幾次，再加上餵奶時間，推估出寶寶應該喝了多少，所以還能餵多少，或是寶寶能撐多久。我真的覺得，這位媽媽太厲害了，居然想出這麼神奇的計算公式！但還是只能對她說，親餵是無法這樣計算的喔。（關於親餵補餐可參考 P.69）

Q9. 如何輕鬆解決乳暈水腫？

產後媽媽很常碰到乳暈水腫的問題，造成寶寶比較不好含乳，有些還會影響奶量。乳暈水腫一般出現在產後 48～96 小時，且會持續 10～14 天。造成乳暈水腫的原因，根據國際認證泌乳顧問克特曼（K. Jean Cotterman）的報告指出，接受多次靜脈注射的產婦，較容易造成水腫，而水腫增加乳暈下方組織的阻力，造成部分壓縮、擠壓及擴張，因此影響寶寶的含乳。另外，不正常使用吸奶器，也很容易造成乳暈水腫。很多人以為吸奶器要用高吸力，這樣反而使乳暈水腫更嚴重。

反式按壓法

當乳暈水腫時，可以用一種反向施壓的方法來消除水腫，稱為反式按壓法。反式按壓法是採用溫和的手法，協助將乳暈下方的液體推送回去，減輕水腫。這個方法需要做很多次，可以在每一次餵奶之前或是擠奶前操作。在執行前，先剪短雙手的手指甲，避免弄傷乳房。

反向施壓的技巧有兩手按壓法及單手按壓法，如圖解：

兩手按壓法

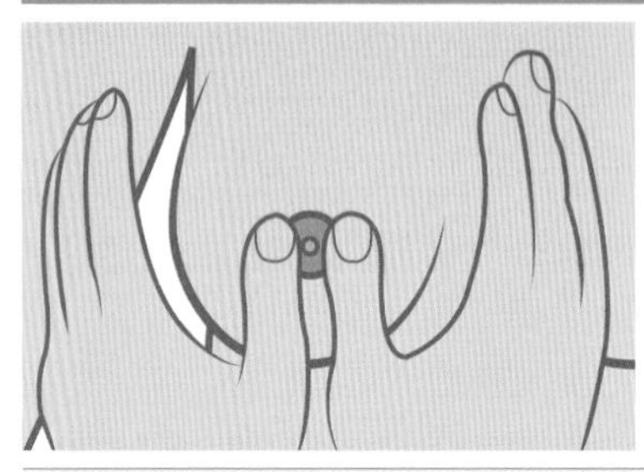

❶ 兩手大拇指輕壓，按壓力道適中，以不痛為主。
❷ 向胸壁方向按壓，約 30-60 秒按壓一次。
❸ 如果想加強按摩，可數 6 秒，按壓 3-5 次。

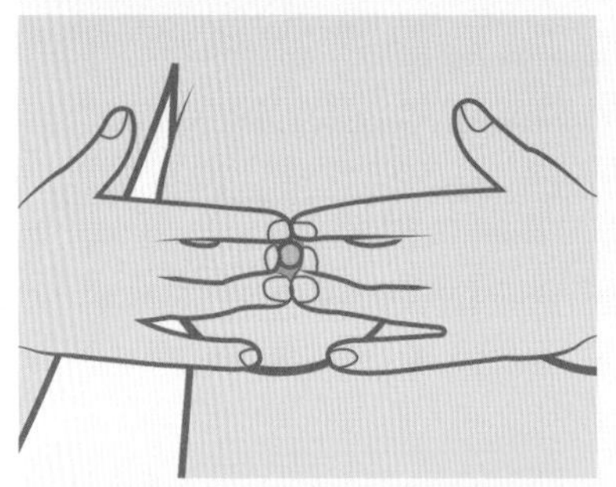

❶ 雙手前端指節微彎曲，使食指、中指、無名指並列。按壓力道適中，以不痛為主。
❷ A 向胸壁方向按壓，約 30-60 秒按壓一次。
❸ B 如果想加強按摩，可數 6 秒，按壓 3-5 次。

▲臨床可以單獨 A，或是單獨 B，也可以 A＋B，依媽媽的情況做調整。

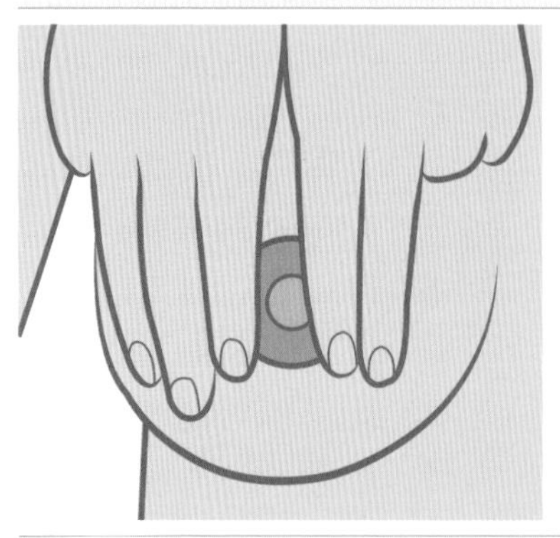

❶ 使用 2 或 3 根手指頭。按壓力道適中，以不痛為主。
❷ 向胸壁方向按壓，約 30-60 秒按壓一次。
❸ 如果想加強按摩，可數 6 秒，按壓 3-5 次。

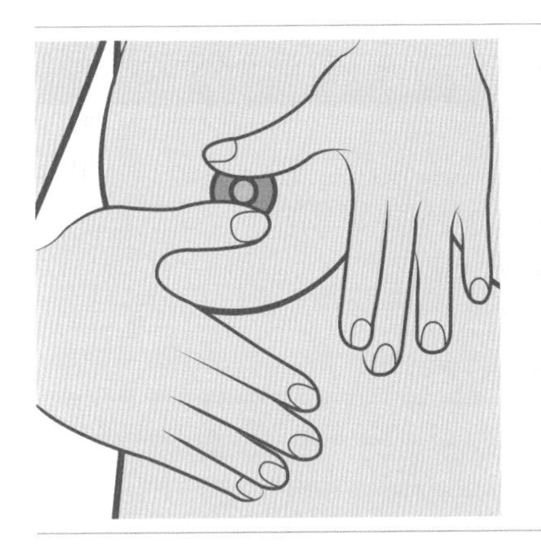

❶ 使用雙手大拇指，一上一下，按壓 6 秒，然後每次轉動 1/4 圈。
❷ 按乳暈每個面，整個繞一圈。
❸ 按壓力道適中，以不痛為主。

單手按壓法

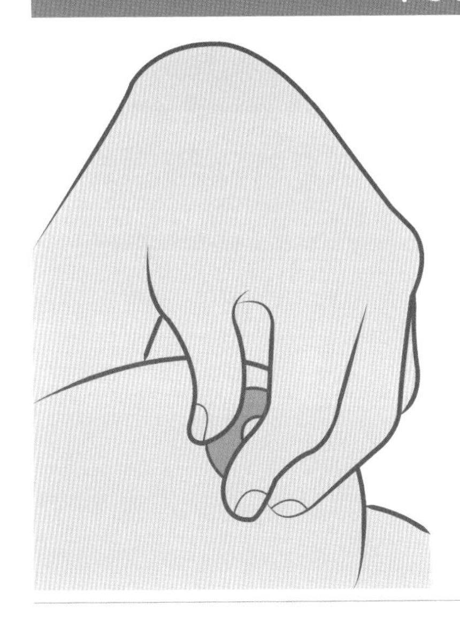

❶ 單手的手指頭立於乳暈上方，手指微彎。按壓力道適中，以不痛為主。
❷ 向胸壁方向按壓，約 30-60 秒按壓一次。
❸ 如果想加強按摩，可數 6 秒，按壓 3-5 次。

Q10. 如果寶寶舌繫帶過緊？

寶寶含乳的時候，會用舌頭將媽媽的乳頭及乳暈含進去，用波浪般捲動，且會含進口腔的軟硬顎交界處，媽媽才不會痛。如果寶寶只在嘴巴淺淺的含著，或是嘬著嘴，媽媽很容易就受傷了。

有時會看到，寶寶含乳姿勢都很棒，但是媽媽似乎整個過程會疼痛。若是這樣，有時候會確認寶寶的舌繫帶是不是比較緊（短）。初步先看寶寶哭的時候，像是舌頭抬起來的高度、舌頭伸長的程度，以及會不會看到舌頭中間被拉住，看起來像是 W 的形狀，如果有，可能真的是舌繫帶的問題，應請醫生評估。有些寶寶雖然舌繫帶較短，但不會影響含乳；有些則需要將舌繫帶剪開。

曾碰過因為舌繫帶較短而影響含乳的寶寶，在剪開後的確改善了；也有些寶寶的舌繫帶只是稍微較短，不需要剪開，而且寶寶也持續含乳及修正，後來也吸得不錯喔！

Q11. 用力才能推開硬塊？

我常常一打開媽媽的衣服，都會看到胸部滿滿的瘀青痕跡，因為媽媽們都很用力推乳房的硬塊，覺得沒用力似乎就推不開或會擠奶擠不出來，甚至讓人幫忙用力推，覺得沒痛就沒有效果。經過指導與實際操作後，媽媽才恍然大悟：「原來乳房按摩的力道這麼輕，都不痛耶！」、「很舒服，真的就可以啦！」對喔，這麼輕就可以了。

媽媽常誤以為乳房按摩是用外力推出乳汁，其實不是。我們輕輕按摩乳房，刺激肌肉細胞收縮，肌肉細胞收縮後會往前推乳汁，並不是靠外力推出乳汁。太用力反而會造成乳腺組織受傷，受傷又再度用力擠推，很容易會使得乳房紅腫甚至發炎。所以按摩乳房，不要再那麼用力囉！

Q12. 只要堅持，就一定能成功哺乳？

很多媽媽會覺得，只要堅持，一定能成功哺乳，但哺乳之路往往充滿挫折，一路走來，媽媽不知道流了多少淚。有些人的確成功哺乳，但還是很多人無法有足夠的奶水供給寶寶，而一直自責。即便2015年肯特博士（Jacqueline C. Kent, PhD）的研究中指出，95%的婦女可以產生足夠的奶水給寶寶，只有≦5%沒有足夠奶水，而造成奶水不足的原因可能是胎盤殘留、嚴重婦科疾病、荷爾蒙異常、乳房手術或乳房腺體發育不全等。

奶水不足的媽媽們，聽到上述數據後的反應不一。有的媽媽覺得，所以評估的結果，自己可能是那5%，反而鬆了一口氣說：「對嘛！不是自己不努力，而是可能腺體發育等因素，所以沒有足夠的奶水給寶寶。」這樣一來，媽媽心情輕鬆，沒壓力之下覺得那就盡力，有多少餵多少吧！反而奶量慢慢上來。雖然可能沒有到全母乳，但是餵到6個月以上，也是非常棒的事。但是也有媽媽就因此慢慢放棄。

哺乳對有些人來說很輕鬆，但是對有些媽媽而言真的並不容易。有時候不是一句「我堅持」就可以辦到，很多狀況會讓你妥協或是退一步，甚至打退堂鼓。雖然不是堅持一定能成功，但是卻能讓自己距離想要的目標更近，這也是很幸福的一件事；如果不堅持，離成功、離目標更遠，很容易就提早放棄了。

Q13. 什麼是乳頭保護罩？

關於寶寶含乳，有些媽媽聽說使用乳頭保護罩的效果很不錯，詢問那是什麼呢？一般常見的乳頭保護罩是透明、薄的、軟矽膠材質，像是乳頭的形狀。

根據 *Breastfeeding Medicine* 的研究中提到，大多會使用乳頭保護罩的情況包括媽媽的乳頭比較短、平、凹，乳頭受傷了，早產兒、寶寶習慣吸奶瓶、想轉親餵的過渡階段；也有的媽媽是因為奶水過多而使用。

關於使用乳頭保護罩，有很多人反對，覺得反而會讓寶寶混淆，或是反而使奶水減緩、變少；但臨床上很多媽媽使用後反應不錯，寶寶真的會含、會願意吸了，的確也減緩乳房疼痛的問題。

我對於使用乳頭保護罩的建議，如果媽媽是因乳頭比較平而想使用，可以先試試其他方法，例如：乳頭牽引器、自製空針牽引，以及適度塑形；而且在寶寶出現想喝奶的早期表現時，先試試看，如果真的效果不好，才考慮乳頭保護罩。若是寶寶已經習慣乳頭保護罩，但是在寶寶吸完之後，媽媽覺得乳房還不是很舒服，似乎還有餘奶，那麼還是要適時擠出來。另外，如果可以，還是希望媽媽能增加跟寶寶的接觸，試著漸漸不使用，也讓寶寶一起慢慢戒掉乳頭保護罩。

Q14. 哺乳媽媽需要一直補身體嗎？

關於產後哺乳媽媽的營養，很多人覺得要大補特補，就是要每天魚湯、雞湯或是花生燉豬腳之類的飲食，認為這樣才算坐月子。依據國民健康署的每日熱量攝取建議，產後媽媽每天「多攝取 500 大卡」的熱量，可利於產後傷口復原，並符合哺餵母乳的熱量所需。一般來說，促進乳汁分泌必須有足夠的蛋白質、水分和熱量，但是太油膩、太躁熱或是脂肪含量過高的飲食，很容易造成塞奶，或者增加媽媽的體重。

對於產後媽媽的飲食，建議應均衡飲食，食物多樣化，蔬菜水果也要多吃，水分的補充也非常重要，以不口渴為原則。盡可能避免刺激性的食物，也避免高熱量的甜食，如蛋糕、鳳梨酥、夾心餅乾、含糖飲料等。

哺乳期的媽媽不需要刻意減肥，因為一整天哺乳下來，至少消耗 500～700 大卡。很多媽媽持續哺乳，結果體重很快就減下來了。常看到在月子中心的媽媽，從入住到返家前，很明顯瘦了一大圈；也聽到哺乳媽媽分享：「每次擠奶完都好餓喔。我其實吃很多了，但是真的沒有想到，瘦得很快耶！」

此外，關於補充維生素 D 的概念各有不同，英國建議哺乳媽媽每天補充 400 單位，美國甚至建議每天 3,600～4,000 單位，但仍在持續研究當中。許多建議攝取高劑量維生素 D 的國家，與其地理環境有關，可能因為很少日照，加上寶寶都待在室內，所以媽媽本身容易有維生素 D 不足的情況，導致奶水中的維生素 D 濃度較少；然而台灣日照充足，所以一般來說不需特別補充。然而關於這部分的研究還不多，對於是否補充維生素 D 仍是眾說紛紜。如果媽媽有疑慮或不確定自身的情況，可以找醫生進行討論。另外，如果媽媽吃素，記得補充維生素 B12。

Q15. 寶寶一碰到乳房就哭，怎麼辦？

「寶寶明明就肚子餓了，可是一碰乳房或是一擺位，寶寶就大哭，這怎麼辦呢？」寶寶抗拒媽媽乳房的常見原因包括，之前沒親餵過、乳頭混淆，或是習慣奶瓶了。

寶寶很聰明，喝習慣奶瓶之後，因為奶瓶不需要太費力就能喝到，而且稍微動一下奶變更多，突然間換吸媽媽的乳房，要比較費力或是吸吮的協調不好就吸不太到，流速也不像奶瓶那樣平均；況且，寶寶知道哭一下，等等就可以喝到輕鬆的奶瓶啦！

當寶寶不願意吸媽媽的乳房，一吸就哭，不能勉強，要先安撫寶寶；也不要在寶寶很餓的時候試著親餵。寶寶哭了通常就是很餓，很餓還讓他吃不習慣又比較費力的，一定更生氣，哭得更大聲了。親餵需要慢慢來，先讓寶寶重新喜歡媽媽的乳房。媽媽可以平常多與寶寶肌膚接觸，抱著寶寶，如果寶寶出現一些尋乳反射時候，可以試試讓他吸一下，看寶寶的反應，若寶寶哭了，就先安撫。重點是讓寶寶不排斥、不抗拒乳房，進而喜歡乳房。

如果想親餵，時間盡量選在寶寶還沒很有餓，只是有點餓的時候嘗試。若寶寶還是大哭，一樣先安撫，甚至先給寶寶喝一點奶水，讓寶寶沒這麼餓的時候再試。若是寶寶願意吸，吸一下又不吸，可以試著按壓乳房，先讓流速快一點，讓寶寶快點喝到，他就會比較願意再吸。另外，可以嘗試多種餵奶姿勢。總之，不能勉強，慢慢多嘗試，多與寶寶肌膚接觸，重新讓寶寶喜歡上乳房。

在這過程中，如果寶寶不吸，媽媽一樣要規律擠出乳汁，維持泌乳非常重要。

Q16. 餵母乳就可以避孕嗎？

很多人以為餵母奶可以避孕，甚至覺得才產後幾個月不可能懷孕。但常常隔年在產後護理之家又看到媽媽回住了。媽媽說：「我以為餵母奶就能避孕呢！」

根據哺乳無月經避孕法（lactational amenorrhea method, LAM），如果產後 6 個月內，月經沒來，且純餵母乳，頻繁哺乳，那麼避孕效果可以達到 98～99.5%，所以還是有 1～2%的懷孕機會。若是產後做完月子，月經已經來了，也沒有純母乳哺餵，沒有頻繁哺餵或擠奶，那麼更會增加懷孕機率，所以不是餵母奶就一定可以避孕。

Q17. 直接拉長時間就可以安全退奶嗎？

準備要退奶的媽媽，有時候會誤以為直接將擠奶的時間拉長，就可以了。從原本 3～4 小時擠奶一次，變成 5～6 小時才擠奶，但是一下子拉長時間，很容易造成塞奶、硬塊，甚至發炎。退奶不是直接拉長時間就可以，需要用循序漸進的方式。

親餵的退奶

如果是親餵的媽媽，可以將親餵的次數減少，例如從原本的一天 8 次，減為 7 次，減少的那 1 次先選擇比較容易的時間。一般先不選早上及晚上，根據很多媽媽的經驗，早上及晚上睡覺最難戒奶；選擇中間的時段，比如吃點心、副食品的那次喝奶，慢慢減少；再由 7 次變 6 次，同時觀察乳房的狀況，都很順利才繼續拉長時間、減少次數。這樣循序漸進，大腦也會接收到訊息，慢慢減少產生奶水，寶寶也不會一下子不習慣，而不開心或是大哭等。退奶需要循序漸進，不能突然停止，這樣除了容易塞奶，也容易造成寶寶的不適應。

瓶餵的退奶

若是平常將奶水擠出來的媽媽想要退奶，舉例來說，平常一次擠出的量如果有 200 ml，那不建議先拉長時間，可以先減量，像是先擠到 180 ml，擠完後仍胸部微脹的話，可用冷敷，減緩奶水回填的速度；觀察幾天之後，沒塞奶再繼續減量，變為 150 ml；再觀察、再減量，一樣觀察幾天；若都沒問題，才慢慢拉長時間，從原本 4 小時，變成 5 小時；再繼續減量、觀察；逐漸拉長時間，慢慢就會退奶成功了。

若是原本奶量沒這麼充足的媽媽，可以拉長一點時間擠奶，一樣需要觀察乳房狀況，良好才再繼續延長時間、減少頻率與減量，就會慢慢成功了。

退奶的注意事項

退奶過程中，一定要持續觀察乳房狀況。退奶中後期，開始穿著合身包覆性好的內衣，並避免過度刺激乳房（例如熱敷、按摩等）。乳房不舒服時，可以冷敷減少不適。可以按食物表吃一些容易退奶的食物，少吃發奶的食物。

最理想的狀況，建議以 2 週到 1 個月的時間來慢慢退奶。如果真的希望提早退奶，也可以找醫師開立處方。無論採用何種方式退奶，都不會立刻就退，想退奶退得安全，需要一點時間喔！

Q18. 哺餵母乳期間，寶寶外出用品必備清單和事前準備？

媽咪如果需要外出時，可以先餵完寶寶再出門會比較方便。此外，如果必須在外哺餵母乳的話，我有一些建議：

❶ 如果媽媽全親餵，沒瓶餵的話（全母乳）

可以帶一條哺乳巾，只要圍在脖子上，媽媽找適合的地方就能直接親餵了。哺乳巾真的很方便，有些牌子很透氣、遮得剛剛好，不會曝光，有些還有觀景窗，稍微低頭就可以看到寶寶喝的狀況。另外，出遊也可以選擇有配置哺乳室的地點，尤其現在許多百貨公司及醫療院所都有很完善的哺乳室。只是很多媽媽反映，哺乳室通常只有一兩間，人太多了還要排隊等。所以，哺乳巾真的很方便。

❷ 如果寶寶可親餵，也可瓶餵的話（全母乳）

除了帶哺乳巾，還是建議媽咪多準備一瓶母奶，並放入保冷袋保持冷藏狀態，裡面要放冰磚、冰寶等保冷劑，盡量不要一直打開保冷袋。如果外出的場所有冰箱，盡可能放入冰箱冷藏，台灣目前推廣母乳，有些店家願意提供這服務了，但還是需要詢問看看。如果寶寶要喝了，可以拿出事先裝好熱水的保溫瓶，在鋼杯裡倒入四分之一左右的熱水，將奶瓶直接放入鋼杯溫母奶，溫度摸起來不燙手就可以了。

❸ 如果寶寶可親餵，也可瓶餵的話（母乳＋配方奶）

除了帶哺乳巾，也要多帶一個奶粉盒（裝好足夠餐的配方奶粉），以及奶瓶。（目前市面上也有販售拋棄式奶瓶，方便出門好幾天的行程）。還要準備一個保溫瓶裝 70 度以上的熱水，泡配方奶的水溫一定要大於 70 度的沸水，才能夠避免不必要的感染。這很重要，泡完後再沖冷水冷卻到要喝的溫度，就可以囉！

❹ 如果寶寶全瓶餵（配方奶）

就帶奶粉盒（裝好足夠餐的配方奶粉），可購買一盒三格以上的奶粉盒，一餐奶粉放一格。還要準備一個保溫瓶裝 70 度以上的熱水，泡配方奶的水溫一定要大於 70 度的沸水，才能夠避免不必要的感染。這很重要，泡完後再沖冷水冷卻到要喝的溫度，就可以囉！

最後，記得帶媽媽自己的東西喔！有些媽媽很可愛，寶寶的東西準備得很齊全，但是忘記帶自己的東西啦！

寶寶外出用品必備清單	
全母乳親餵	喝配方奶、瓶餵
□ 保冷袋（又稱保溫袋） □ 溢乳墊 □ 哺乳巾 □ 母乳袋、空奶瓶（消毒過）或集乳瓶（裝擠出的母乳） □ 吸奶器（手動或電動） 註：電動的吸奶器要記得多帶一組電池，以防萬一。	□ 保溫瓶（70 度以上的熱水） □ 常溫水一瓶 □ 鋼杯（可以溫奶用） □ 奶瓶 註：如果外出時，寶寶會喝到兩餐，建議就帶兩個奶瓶。如果只帶一個奶瓶，寶寶已經足月，那麼至少清潔過後要用熱水燙過，再泡配方會比較好。或使用拋棄式奶瓶也很方便。
其它	
□ 包巾或大毛巾（用來遮陽或防著涼） □ 尿布墊（可先鋪上再換尿布） □ 尿布（外出平均 2-3 小時需要一片尿布，建議多帶幾片） □ 紗布巾或濕紙巾（外出不方便水洗屁屁，所以濕紙巾更方便） □ 護膚膏（保護屁屁，隔絕大小便的刺激）	□ 奶嘴（依情況） □ 餵奶巾或圍兜（多帶幾條） □ 幫寶寶多帶一套衣服（以防大小便沾到或是溢出來） □ 小瓶 75%酒精（可用來消毒桌面或椅子） □ 小塑膠袋（裝濕的衣物）

Q19. 產假後上班，如何繼續供需平衡？

產假過後，馬上要回去職場了，很多媽媽會擔心如何維持奶量？

維持奶量很重要的原則是「一定要移出奶水」，移出才有空間補進去，大腦才會了解你「需要奶水」。如果移出母奶次數漸漸減少，大腦會覺得妳的需求不多，加上壓力及勞累，那麼真的會慢慢減少奶水量。

目前性別工作平等法第 18 條規定：「子女未滿 2 歲須受僱者親

自哺（集）乳者，除規定之休息時間外，雇主應每日另給哺（集）乳時間60分鐘。哺（集）乳時間，視為工作時間。」

因此，提供幾個小祕訣給回歸職場的媽媽：

❶ 盡量先在上班前親餵，或是擠出奶水一次。上班工作期間，盡可能早上擠一次，午休期間擠出一次，下午也擠一次，下班後回家就可以恢復親餵或持續定時擠奶。

❷ 很多人在上班時，抽不出時間好好擠奶，平常擠奶大約要30分鐘左右；就算是工作抽不出時間，也至少要擠10分鐘比較好。如果會脹奶，至少擠到胸部比較鬆軟一點，不能完全都不擠，這樣很容易阻塞，也容易使奶量下降。雖然說上班之後，壓力變大、變忙碌的情況下，的確會影響奶量，但如果上班抽空擠2～3次，回家恢復正常，那麼還是可以持續哺乳喔！

❸ 如果還是擔心奶量，也可以在要回職場前幾週，開始在家增加一點庫存，將多餘的母乳冷凍起來。如果是全親餵的媽媽，親餵完再擠出一點，冷凍起來，或是瓶餵的媽媽，增加頻率收集一些母奶冷凍起來。這樣上班後就有許多庫存，不會擔心寶寶一下就沒有得喝。加上上班期間也會擠出來，擠出來的可以先冰起來，回家後給寶寶第2天喝。

❹ 曾有媽咪分享經驗談，她租借兩台吸奶器，一台放家裡，一台放公司。這樣上班時抽空用雙邊吸奶器吸10分鐘就完成了。另外，中午午餐完也會吸一次，這次會吸15～20分鐘。下午工作空檔再吸10分鐘。所以，她盡可能讓自己上班也能持續移出乳汁3次，回家後再繼續擠出來維持奶量。

❺ 也有媽咪說，她實在太忙了，無法抽身擠 30 分鐘。但是，胸部脹起來很不舒服，她會在座位上用集乳器（真空）套上哺乳巾，用集乳器吸乳汁，很安靜，別人也不會注意到。但是，這位媽咪也表示，因為上班的環境夠友善，所以才能用這樣的方法。

Q20. 吃含酒食物或喝酒，多久之後才能夠餵奶？

美國兒科醫學會在 2001 年提到，媽媽服用大量酒精後，可能會讓寶寶產生嗜睡、易出汗、深睡、肌肉力量變弱、身高減少、體重增加不良，甚至以後的動作發展延遲的現象。媽媽如果一天喝的量超過體重乘以 1～1.5 公克以上，還會讓泌乳量及噴乳反射減少。

我們都知道喝多了酒會影響寶寶，但是媽咪偶爾心情不好或是跟朋友聚會，也會想喝點酒，難道哺乳都不能喝嗎？

可以喝酒，但是要小量喝，偶爾喝沒關係。

哺乳媽媽的小酌知識

- 不超過建議的酒精攝取量
- 計算我們喝進去的酒精量
- 代謝酒精需要的時間
- 喝酒的注意事項

不超過建議的酒精攝取量

根據美國藥物協會的研究建議，哺乳媽媽的飲用酒精的最高攝取量：

一天不要超過 0.5（g／kg）

舉例：

＊50 公斤的媽媽：

50（kg）×0.5（g／kg）＝25（g）

一天不要超過 25 公克的酒精攝取量

＊60 公斤的媽媽：

60（kg）×0.5（g／kg）＝30（g）

一天不要超過 30 公克的酒精攝取量

＊70 公斤的媽媽：

70（kg）×0.5（g／kg）＝35（g）

一天不要超過 35 公克的酒精攝取量

計算我們喝進去的酒精量

這邊我提供一個簡單的公式，讓你用手機、計算機馬上算出來！

酒量（ml）×酒精度數（%）×0.8（酒精比重）＝酒精攝取量（g）

舉例：

＊一瓶 600ml 台灣啤酒／酒精濃度 4.5 %

600×4.5%×0.8＝21.6 g

表示：如果喝了 600ml 的啤酒一瓶，喝進酒精濃度 21.6g。

＊一杯 300ml 紅酒／酒精濃度 6%

300×6%×0.8＝14.4g

表示：如果喝了一杯 300ml 的紅酒，喝進酒精濃度有 14.4g。

＊一杯 100ml 葡萄酒／酒精濃度 10%

100×10%×0.8＝8g

表示：如果喝了一杯 100ml 的葡萄酒，喝進酒精濃度 8g。

50 公斤的媽媽，一天不要超過 25g 的酒精攝取量，所以一天最多喝一瓶台啤，或喝一小杯紅酒、葡萄酒。

這樣計算，是不是簡單多了呢！你可以將可能會喝到種類先計算好紀錄下來，隨時都能查閱，這樣方便多了吧！

代謝酒精需要的時間？

當我們喝酒精飲料下去之後，其實酒精在嘴巴就會少量吸收了，接著跑到了胃及小腸大量吸收，吸收後的酒精，就會跟著血液循環跑遍全身，而酒精很喜歡水，所以更喜歡去身體裡水分含量很高的組織。一般酒精喝下去之後，約 30～60 分鐘很快就吸收進血液及母乳中了。

如果媽媽喝酒了，血液裡就會有酒精，乳汁裡也一樣會有酒精，有人會想說：「那我喝完酒立刻擠出奶水或是丟掉就好啦！」誤以為這樣母乳中就沒有酒精了，不對喔！因為媽媽的血液裡只要還測的到酒精，那麼新做出來的奶水，一樣含有酒精呢。

當然吸收之後的酒精就會交給肝臟代謝大部分（90～95%），所以會隨著時間慢慢地減少酒精濃度。酒精離開身體的時間，也就是常聽到的代謝時間。很多因素都會影響代謝的時間長短，比如體重、空腹或吃東西等，然而這些眾多比較細的因素不再這邊說明。

我想給媽媽們了解基本觀念，知道計算的方法，妳會更清楚喝酒之後多久可以給寶寶喝母乳比較安全？自己也能喝得開心。因為哺乳是生活的一部分，這樣哺乳才能更長久。

根據交通部的資料顯示，90%以上的酒精是靠肝臟分解，而肝臟平均一小時只能分解 8～10 克的酒精！以安心起見，我們以一小時分解 8 克計算。

舉例來說：

＊一瓶 600ml 台灣啤酒／酒精濃度 4.5%／酒精攝取量 21.6g。

21.6÷8＝2.7（小時）

表示：喝了一瓶 600ml 的台啤，需要差不多 3 小時，酒精才會代謝出去。

＊一杯 300ml 紅酒／酒精濃度 6%／酒精攝取量 14.4g

14.4÷8＝1.8（小時）

表示：喝了一杯 300ml 的紅酒，需要差不多 2 小時，酒精才會代謝出去

＊一杯 100ml 葡萄酒／酒精濃度 10%／酒精攝取量 8g

8÷8＝1（小時）

表示：喝了一杯 100ml 的葡萄酒，需要 1 小時，酒精才會代謝出去。

但是，在這邊要提醒媽咪，寶寶肝臟發育還沒有很成熟，會需要更多的時間代謝處理酒精。寶寶 3 個月大時，處理酒精的速度才達到大人的一半喔。也就是說，如果妳需要 1 小時分解，那麼寶寶會需要 2 小時才分解完畢。如果是更小的寶寶及早產兒的話，就更需要更長時間了。

另外，提到坐月子會喝的麻油酒，如果可以的話，會建議煮的時候就先計算能喝的濃度，再加上煮沸時間的蒸發，又會減少很多濃度。曾有研究提到：煮沸 60 分鐘後濃度減少了一半。（比如加 30g 的酒精，煮沸 60 分鐘之後，酒精會變成 15g）。

總而言之，關於喝酒、麻油酒，不是不能喝，許多研究也都說可以適度地喝，或是偶爾喝，都沒問題！但是，記得要計算一下攝取量。千萬不要喝過量，也建議不要每天喝。如果不小心吃到含酒的食物也不用太擔心，喝完多間隔幾小時後再餵寶寶，就會比較安全。

喝酒需要注意什麼嗎？

如果要喝酒精性飲料，有沒有要注意什麼呢？

* **喝之前先擠奶：**擠完再喝喔，這樣寶寶就可以喝這次擠的奶，且如果只喝一點點的量（也可以算一下劑量），等到下一次擠奶約 3 小時後，那麼酒精也差不多代謝了。

* **先算自己可以喝的最大攝取量：**一天不要超過最大攝取量。喝完之後，如果算出需要 6 小時才能代謝掉，到下次擠奶的時間還沒代謝出去的話，那麼擠出的奶就不要了，可以給先生喝，或冷凍起來做母乳皂。
* **計算出代謝時間後，再加 2 小時：**前面有教如何算出可以喝的攝取量和代謝時間，然而體重、空腹、喝酒速度，甚至體質、寶寶年齡等都會影響酒精代謝的時間。所以，如果會擔心的話，可以這樣做：算出如果是 2 小時才能代謝的話，自己再延長 2 小時，這樣更安全。
* **睡前喝一杯時，勿母嬰同床：**有些媽媽會選擇等寶寶喝完最後一餐時，睡前喝一小杯，等到凌晨寶寶要喝下一餐時已經 3～4 小時了，也代謝的差不多。但是，媽咪要特別注意，為了寶寶安全，寶寶不能跟妳一起睡，寶寶要睡自己的小床喔！還有，真的只能喝一小杯，否則容易爬不起來。
* **吃麻油米酒類的食物，注意濃度：**烹煮過程，除了算出可以喝的酒精濃度的量再去煮以外，煮沸後掀開蓋子再多煮一陣子，如果可以，前面有提到如果多煮 60 分那麼濃度會再下降一半。
* **產後第 3 週再吃麻油雞：**如果是剛生完的媽媽，在傷口還沒有癒合之前，建議不要吃麻油雞喔！因為麻油雞裡面有麻油跟酒，都會影響傷口的癒合。建議跟長輩親友事先說明，才不會有人情壓力。所以，比較建議產後第 3 週，傷口癒合得差不多了，再吃比較好。
* **如果寶寶還小，建議延長一倍時間再哺乳：**未滿 3 個月或早產兒的寶寶，建議算出酒精代謝時間之後，再延長一倍時間，更安全。

製作母乳皂 ①

器具：大湯鍋 1 個、無柄小湯鍋 1 個、木頭攪拌棒、瓦斯爐

材料：100g 皂基、皂模數個、母乳 30cc、橄欖油 5ml、精油 3 滴。

精油：可選擇適合寶寶的一種精油

- 撫平不安、幫助入眠：羅馬洋甘菊、真正薰衣草、紅橘
- 抗菌、預防感冒：茶樹、澳洲尤加利

比例原則：皂基：母乳：橄欖油＝100：40：5

步驟：

1. 把 100g 的皂基切成丁狀，放入無柄小湯鍋中。
2. 將大湯鍋裝三分之一的水，然後放入小湯鍋，小火隔水加熱皂基。
3. 待皂基融化後，加入 5ml 的橄欖油至小湯鍋中，並攪拌均勻。
4. 然後再加入 40cc 的母乳，也是攪拌均勻，然後熄火。
5. 把小湯鍋中浮在表面的泡泡撈掉。
6. 加入 3 滴精油，充分攪拌。
7. 拿出準備好的皂模型，皂液體入模時，速度要快且輕柔。
8. 約等待 12 小時後，即可脫模。
9. 母乳皂就完成了！

製作母乳皂 ❷（無精油）

器具：大湯鍋 1 個、無柄小湯鍋 1 個、木頭攪拌棒、打蛋器、瓦斯爐、料理溫度計、大罐牛奶紙盒、保麗龍箱

材料：橄欖油 300g、椰子油 150g、棕櫚核仁油 150g、氫氧化鈉 90g、冰母乳 200g

步驟：

❶ 在大湯鍋中，雙手戴手套將氫氧化鈉加入冰母乳中攪拌融解，降溫至 40 度。

❷ 在無柄小湯鍋中，將椰子油、橄欖油、棕櫚核仁油加溫至 40 度。

❸ 將❶的材料慢慢倒入❷的材料中，邊倒邊攪拌。

❹ 利用打蛋器均勻攪打❸，直到 trace（美乃滋狀）狀態（註一）

❺ 將皂液倒入牛奶盒中，放入保麗龍箱保溫。

❻ 兩個星期後脫模，切成適當大小，放在通風處晾皂。

❼ 一個月後即可作成天然的橄欖油母乳皂。

將液皂用打蛋器挖起一點，在皂液上寫 8。當 8 字可以扶在皂液上三秒，表示皂液已攪拌好，可以入模等後續動作。避免用過度攪打至乳霜狀。

附錄：寶寶作息記錄表

日期	時間	寶寶年紀 ○M ○D	母奶親餵時間（分）	奶量（ml）母奶 配方奶	大便			小便（次數）	備註 1 溢吐奶 2 給藥 3 其他 4 體重
					量 1 正常 2 多 3 少	顏色 1 黃 2 黃綠 3 綠 4 其他	性狀 1 軟 2 糊 3 稀水 4 其他		
10／10	20：10	1M15D	20	(母) 配					
	20：30			母 配	2	1	1	1	
	23：40			母 (配) 120					
／	：			母 配					
／	：			母 配					
／	：			母 配					
／	：			母 配					
／	：			母 配					
／	：			母 配					
／	：			母 配					

寶寶作息記錄表

日期	時間	寶寶 年紀 ○M ○D	母奶 親餵 時間 （分）	奶量 （ml） 母奶 配方奶	大便			小便 （次數）	備註 1 溢吐奶 2 給藥 3 其他 4 體重
					量 1 正常 2 多 3 少	顏色 1 黃 2 黃綠 3 綠 4 其他	性狀 1 軟 2 糊 3 稀水 4 其他		
／	:								
／	:								
／	:								
／	:								
／	:								
／	:								
／	:								
／	:								
／	:								
／	:								

寶寶作息記錄表

日期	時間	寶寶年紀 ○M ○D	母奶親餵時間（分）	奶量（ml）母奶 配方奶	大便			小便（次數）	備註 1 溢吐奶 2 給藥 3 其他 4 體重
					量 1 正常 2 多 3 少	顏色 1 黃 2 黃綠 3 綠 4 其他	性狀 1 軟 2 糊 3 稀水 4 其他		
／	：								
／	：								
／	：								
／	：								
／	：								
／	：								
／	：								
／	：								
／	：								
／	：								

寶寶作息記錄表

日期	時間	寶寶年紀 ○M ○D	母奶親餵時間（分）	奶量（ml）母奶 配方奶	大便			小便（次數）	備註
					量 1 正常 2 多 3 少	顏色 1 黃 2 黃綠 3 綠 4 其他	性狀 1 軟 2 糊 3 稀水 4 其他		1 溢吐奶 2 給藥 3 其他 4 體重
／	：								
／	：								
／	：								
／	：								
／	：								
／	：								
／	：								
／	：								
／	：								
／	：								

寶寶作息記錄表

日期	時間	寶寶年紀 ○M ○D	母奶親餵時間（分）	奶量（ml）母奶 配方奶	大便			小便（次數）	備註 1溢吐奶 2給藥 3其他 4體重
					量 1正常 2多 3少	顏色 1黃 2黃綠 3綠 4其他	性狀 1軟 2糊 3稀水 4其他		
／	：								
／	：								
／	：								
／	：								
／	：								
／	：								
／	：								
／	：								
／	：								
／	：								

寶寶作息記錄表

日期	時間	寶寶年紀 ○M ○D	母奶親餵時間（分）	奶量（ml） 母奶 配方奶	大便			小便（次數）	備註 1 溢吐奶 2 給藥 3 其他 4 體重
					量 1 正常 2 多 3 少	顏色 1 黃 2 黃綠 3 綠 4 其他	性狀 1 軟 2 糊 3 稀水 4 其他		
／	:								
／	:								
／	:								
／	:								
／	:								
／	:								
／	:								
／	:								
／	:								
／	:								

寶寶作息記錄表

日期	時間	寶寶 年紀 ○M ○D	母奶 親餵 時間 （分）	奶量 （ml） 母奶 配方奶	大便			小便 （次數）	備註 1 溢吐奶 2 給藥 3 其他 4 體重
					量 1 正常 2 多 3 少	顏色 1 黃 2 黃綠 3 綠 4 其他	性狀 1 軟 2 糊 3 稀水 4 其他		
／	:								
／	:								
／	:								
／	:								
／	:								
／	:								
／	:								
／	:								
／	:								
／	:								

國家圖書館出版品預行編目(CIP)資料

圖解新手媽媽成功餵母乳：把握產後 60 天追奶期，無痛疏通塞奶、石頭奶！一次搞懂親餵、瓶餵的所有秘訣 / 鍾惠菊著. -- 新北市 : 大樹林, 2019.11
面； 公分. -- (育兒經 ; 3)
ISBN 978-986-6005-91-6(平裝)

1.母乳餵食 2.育兒

428.3　　108015107

育兒經 03

圖解新手媽媽成功餵母乳：
把握產後 60 天追奶期，無痛疏通塞奶、石頭奶！
一次搞懂親餵、瓶餵的所有秘訣

作　　者 / 鍾惠菊
總 編 輯 / 彭文富
執行編輯 / 黃懿慧
母乳皂❷設計 / 郭穎瑜
排版插畫 / 菩薩蠻數位文化有限公司
校　　稿 / 黃懿慧、邱月亭
封面設計 / 比比司設計工作室

出 版 者 / 大樹林出版社
營業地址 / 23357 新北市中和區中山路 2 段 530 號 6 樓之 1
通訊地址 / 23586 新北市中和區中正路 872 號 6 樓之 2
電　　話 / (02) 2222-7270・傳　　真 / (02) 2222-1270
E- mail / notime.chung@msa.hinet.net
官　　網 / www.gwclass.com
Facebook / www.facebook.com/bigtreebook

發 行 人 / 彭文富
劃撥帳號 / 18746459・戶名 / 大樹林出版社
總 經 銷 / 知遠文化事業有限公司
地　　址 / 新北市深坑區北深路 3 段 155 巷 25 號 5 樓
電　　話 / (02)2664-8800・傳　　真 / (02)2664-8801
本版印刷 / 2019 年 11 月

定價：台幣 420 元 / 港幣 140 元　ISBN / 978-986-6005-91-6

回函抽獎

活動內容

請掃描左側Qrcode，並填妥線上回函完整資料，
即有機會抽中「六甲村 Mini-Milker 輕手感電動吸乳器」乙臺
（價值 1980 元）

★中獎名額：共2名。

★活動日期：即日起～2020 年 01 月 15 日。

★公布日期：2020/01/16 會於大樹林臉書專頁公布各中獎者，並以 EMAIL 通知中獎者。中獎者需於 7 日內 EMAIL 回覆您的購書憑證照片（訂單截圖或發票）方能獲得獎品。若超過時間，視同放棄。

※一人可抽獎一次。本活動限台灣本島及澎湖、金門、馬祖。

★追蹤大樹林臉書，獲得優惠訊息及最新書訊。

贈品資訊

六甲村

Mini-Milker 輕手感電動吸乳器

★贈品說明：

- 乳腺尚未暢通前請勿使用
- 單邊吸乳建議時間為 30 分鐘